仿生建筑设计丛书

动物与当代建筑设计

［西］亚历杭德罗·巴哈蒙
帕特里夏·普雷兹 著

陈林 王茹 贾颖颖 译

中国建筑工业出版社

著作权合同登记图字：01-2009-5243号

图书在版编目（CIP）数据

动物与当代建筑设计 /（西）亚历杭德罗·巴哈蒙，（西）帕特里夏·普雷兹著；陈林，王茹，贾颖颖译. —北京：中国建筑工业出版社，2019.9

（仿生建筑设计丛书）

书名原文：Animal Architecture：Analogies Between The Animal World and Contemporary Architecture

ISBN 978-7-112-24052-4

Ⅰ.①动… Ⅱ.①亚… ②帕…③陈… ④王… ⑤贾… Ⅲ.①工程仿生学—应用—建筑设计—研究 Ⅳ.①TU2

中国版本图书馆CIP数据核字（2019）第158944号

Original Spanish title：Analogies: Animal

Text：A.Bahamón, P. Pérez,

Graphic design: Soti Mas-Baga

责任编辑：姚丹宁

责任校对：张惠雯　姜小莲

仿生建筑设计丛书

动物与当代建筑设计

［西］亚历杭德罗·巴哈蒙　帕特里夏·普雷兹　著

陈　林　王　茹　贾颖颖　译

*

中国建筑工业出版社出版、发行（北京海淀三里河路9号）

各地新华书店、建筑书店经销

北京建筑工业印刷厂制版

天津图文方嘉印刷有限公司印刷

*

开本：889×1194毫米　1/20　印张：9⅗　字数：156千字

2019年10月第一版　2019年10月第一次印刷

定价：**98.00**元

ISBN 978-7-112-24052-4

（34230）

目　录

前 言

帕特里夏·普雷兹

从古至今，对动物形态学的研究是为了帮助人们更好地设计器具、结构以及机器，这已经成为人类生活中的重要特征。无论是为了赋予项目一定的象征意义，还是为了解决功能问题，抑或仅仅只是出于美学原因，在现代建筑设计中借鉴动物形态已经成为公认的也是很常见的做法。建筑大师伦佐·皮亚诺，诺曼·福斯特和弗兰克·盖里，在他们近期的设计作品中都借鉴了动物形态学。

本书不仅收集了现代建筑中采用动物形态学的具体案例，而且更加关注动物在遭受各种负面影响时所采取的具体策略，例如动物如何保护自己的身体免受有毒物质、辐射、振动、冲击、潮湿等负面影响，同时又不隔断自身与外部的联系。这些策略可以分为不同的类别。首先，动物都具备保护自己身体的先天防御元素，这就是动物的“铠甲”。

其次，除了这些防御机制，动物还依赖攻击、打架、隐蔽或伪装等防御能力得以生存。某些动物在建造自己的巢穴时采用的技能，又或是它们为促进日常活动对空间进行分配的方式，这些都引起我们的兴趣。

1974年获得诺贝尔奖的卡尔·弗里斯（1886～1982年）提出了“动物建筑”一词。卡尔·弗里斯指出，一些简单的动物具有创造复杂建筑结构的能力，而建筑结构的复杂程度甚至引起了相关技术专家的兴趣。因此并非只有人类才能创造或改变周边环境。正如梅森在“地理技术学，或地球与人类的关系”中指出的，毫无疑问，我们借鉴了动物的技术，目的是为了更广泛地应用它，并使之更加复杂高效。

人类积累了建造经验并代代相传，在此过程中，后辈们不断地结合自己的想象力，在建造的艺术性和技术性方面不断超越他们的先辈。人们带着对动物的尊敬，学习其建造过程中的优势和专业技巧，这也意味人们对那些显而易见和原始的技术并不关注。在对待最经典的狗窝扩展案例时，人们这种傲慢的态度一览无余。然而，现如今对动物建造活动的观察却能够极大地丰富建筑师的设计，这也是本书希望展示的内容。

毫无疑问，黄蜂巢、老鼠洞、熊窝、鼹鼠洞、兔巢等对我们的建筑都有启示。对动物巢穴结构的研究如同对孩子们的观察一样，不断给我们这些成年人带来惊喜，它代表了建筑行业的一大飞跃，为今天的工作奠定了基础。

对这些结构重新审视——无论它们多么简单，都可以为现代建筑的发展提供最大价值的信息。因为这些形式尊重了建造本质，纯粹实用，合乎逻辑还考虑了持续发展，当这样的形式重新组合，就可以为我们提供一个不同以往的新的选择。

最后应该指出，这本书不仅将动物与人类建造房子时使用的技术和材料进行了对比，还研究了动物与居住行为相关的信息。俗称“弃巢”就是将人和动物在生活空间中的行为进行类比。重新审视这类行为，人类除了不可否认的幽默感之外，还对动物世界充满了好奇心，这促使人们开始分析周边环境中一些动物行为的原因，包括：猴子每晚会准备床，燕子在最寒冷的季节南飞，树蛙为了保护蝌蚪建立看护场所，杜鹃侵占别的鸟的巢穴。

相比之下，还有许多其他的建造策略是动物世界所独有的，这可以为我们建造活动开辟新的方法，至少可以刺激新的居住模式产生。蛇和蜥蜴的蜕皮现象不从建筑的角度来看，这是为了防止伤口恶化，消除寄生虫，修复伤口以维持动物的生长。长尾鹦鹉也有具体的生活秩序，八十多只小鸟生活在同一巢穴，具体的生活秩序使它们既能在集体家庭中保持一定的亲密关系，又有各自独立的出入口。

造园鸟在交配的季节为了吸引雌鸟，不仅会筑巢，还会用特别的乔木求爱，这是非常幽默的。如果这个策略能证明是为了促进人与人之间的交流，我们不排除在景观中插入一栋单独的建筑这样的想法。后一个例子，以及下面提出的其他案例，告诉我们大自然不仅为我们提供材料，还经常提出干预的指导方针。

这本书的结构为四章，第一章是解剖结构，并从动物自身入手，下面两章探索动物对人工建筑的启发，而最后一章则是研究某些动物改造现存建筑的办法。

解剖结构
动物建造结构的启示
群居动物建造结构的启示
临时动物结构

表皮　　毛发　　装甲壳

解剖结构

外围护系统，就是包裹着动物全身并通过它使生物体与外界环境接触的部分。在建筑术语里“表皮”通常被定义为包裹建筑内部，并将其与建筑外部隔离的围护系统。显而易见，建筑是除了衣物之外的人类的第三层皮肤。与此类似，术语“膜”是对一种围护结构的描述，这种围护结构增强了“内部”和“外部”与“保护壳”之间的流动性，并且成为新的建筑词汇。动物在自然进化中已经形成了许多形式不一的围护系统，由此保护动物免受外部攻击。建筑与动物的外围护系统有许多相似之处，它们既保证了动物与外界环境中水、气的交换，又能够起到有效防御外界的侵害的作用。

哺乳动物的身体被称为毛发的外围护系统覆盖，其嵌入并从动物表皮中生长出来。每根毛发都能通过动物肌肉的作用而直立起来。毛发作为感觉器官可以增加汗液的蒸发，以此来调节体温，起到保护动物的作用。

羽毛不仅赋予鸟类飞行能力，还履行了隔离的功能。羽毛使空气集聚在海绵体余留的主体空间中，这就形成了一个名副其实的羽毛组织。羽毛经常磨损，所以在它们的生长过程中，也就是动物蜕皮的过程中，羽毛会定期地被类似的物质替代。

为了让自己不受任何伤害，豪猪们将身体卷起来，形成“球”的形状，使它们最脆弱的地方藏在球的内部得以保护，并用强壮的尾巴来对抗敌人，豪猪可以将其身体上的刺[长达 12in(长 30cm)]插入入侵者的身体。这些刺通常贴靠着身体，当动物兴奋时，它们就会竖起来，并通过猛烈地摆动达到威胁性的目的，身体的刺通过彼此的敲击形成独特的警告声。事实上，豪猪身上的尖刺比它们不断壮大的身体更具防御效果。

乌龟身体被龟壳保护着，龟壳是由覆盖着坚硬角质的骨骼组合成的。

鳞片　　壳　　蜗牛　　寄居蟹

覆盖乌龟背部的物质被称为背甲，而保护乌龟腹部的是腹甲，它将乌龟身体柔软的区域包围在坚固的甲鞘中。乌龟的头部，四肢和尾部可以缩回，在危险的情况下就可以很好地保护自己。龟壳的增长就是不断地给龟壳的间隙增加新材料，使其体积不断增加。

食蚁兽身体的上部及其爪子的外部都覆盖着重叠，尖锐的角质片。因此食蚁兽名副其实地成为了活生生的装甲车。犰狳的角质片是多边形的，并通过其身体内的线状物质将其有序的排列组织起来。在犰狳背部中间部分，这些角质片能够充分的活动使其身体能够卷曲和伸展。

一些甲壳类和蛛形类的动物表现出硬质的皮肤层，这类皮肤层也可以被认为是一装甲壳。硬壳部分之间有柔软的关节，这可以防止身体变得过于僵硬，并赋予硬壳良好的移动性，同时也有利于对它们的保护。

鱼的身体被覆盖着重叠的鳞片，某腺体分泌的润滑液使得鱼的皮肤得以保护。爬行动物的身体被硬化的角蛋白所覆盖，在此情况下，鳄鱼加强了身体与硬化角蛋白的联系。蛇通过脱皮，使其身体能够在坚硬的鳞片中正常生长。

大多数软体动物的皮肤很薄，通常会在其脊椎部分产生分泌物加以覆盖。分泌物能产生壳体，用以保护软体动物的身体。这些壳体具有不同的形状，从蛤壳的双壳到螺旋螺壳。

寄居蟹还配备了保护身体后背的外壳。然而，这并不是由寄居蟹自身身体发育而来的，而是从死去的软体动物那里获取的。寄居蟹的策略是占据其他动物的外壳，它卷起腹部，并用它的钳子挡住入口。当然随着寄居蟹身体的增长，它必须要改换其外壳。

公交车站位于西班牙埃斯特雷马杜拉，卡萨尔德卡塞雷斯镇的郊区，由于车站周边分布着幼儿园以及学校，所以经常穿行其中的除了普通的乘客之外，还有不少是孩子。建筑师希望通过自己的设计作品能唤起孩子的想象力，将车站与孩子的梦想世界联系起来。他从海滩上的贝壳中找到了设计灵感，采用白色波浪形混凝土薄壳结构，同时很好地解决了车站的功能需求。这座车站成为了当地独特的地标，在这里可以看到来来回回的孩子以及往返其中的乘客。乘客们在旅行的过程中是穿过了城镇中心的街道之后才到达车站的，而街道留给人最深刻的印象则是两边的拱形建筑。车站的入口利用结构较小的薄壳呼应了当地的拱形建筑，同时引导乘客进入车站的中心区域。车站主体部分是由两片薄壳构成，两片壳体分别作为地板和屋顶在建筑内部互相卷曲，使得空间最大化。大片的薄壳结构覆盖了停满公交车的停车场，同时成为了车站的出口，地下部分的薄壳则形成了一个酒吧和储藏的空间，当人穿行其中时，上下两部分薄壳结构为人们提供了更加完整的综合视角，使人们能够更好地欣赏到薄壳结构带给人的动态感受。

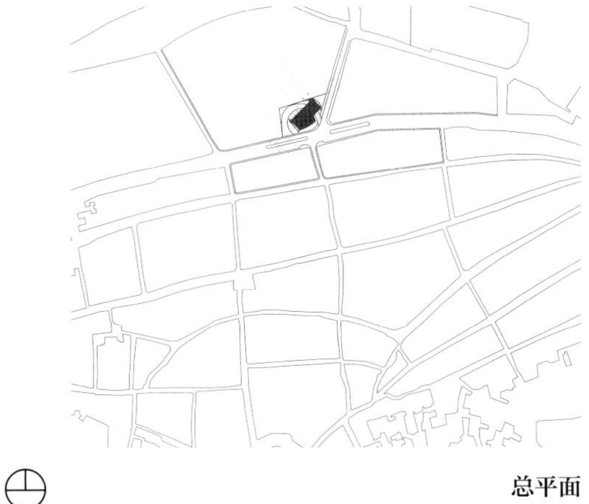

总平面

建设单位
埃斯特雷马杜拉军政府公共工程部

项目类型
公交车站

位置
卡萨尔德卡塞雷斯，埃斯特雷马杜拉，西班牙

总面积
15285ft²（1420m²）

竣工日期
2003 年

摄影
希索铃木

卡萨尔德卡塞雷斯，埃斯特雷马杜拉，西班牙

卡萨尔德卡塞雷斯
公交车站

加西亚·鲁比奥

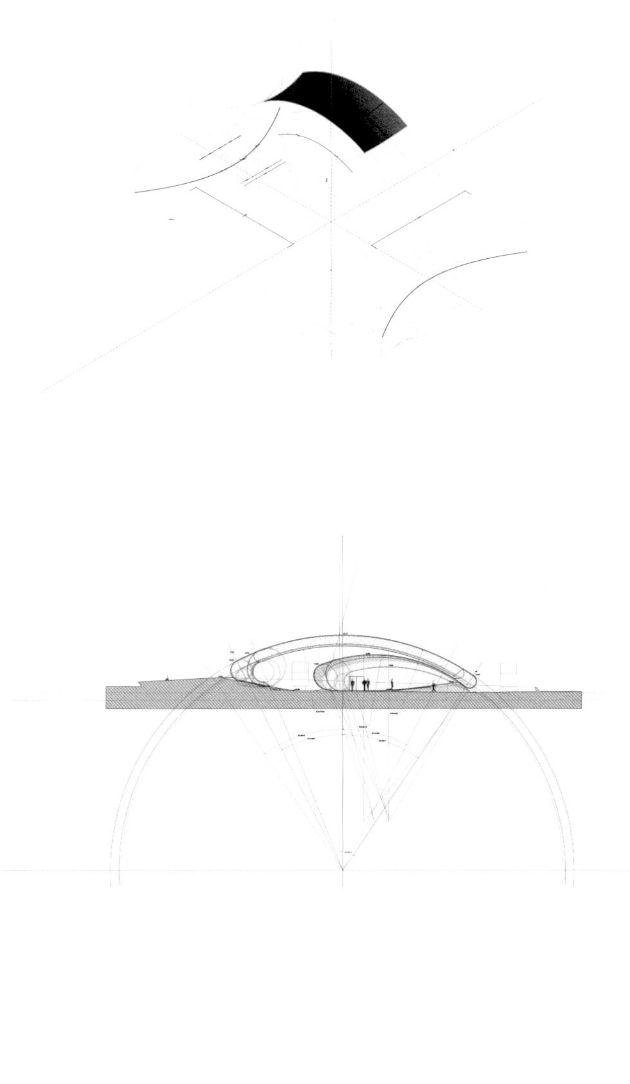

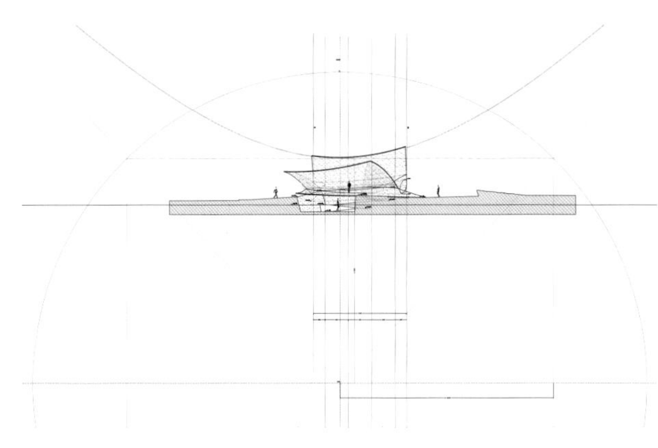

结构的几何分析

公交车站采用了混凝土薄壳结构，将其结构以雕塑的形式加以展现，极大程度提升了建筑的趣味性，反之亦然。主体薄壳的形态是双曲线，长 111.5ft（34m），宽 46ft（14m），对比那些能创造出以拱形为中心的空间，并让人体会到风从中穿过并能产生空气动力学效应的一般结构尺寸，这个尺寸无疑相对比较小。公交车站是以连续的薄壳结构为基础，具有强烈的几何的视觉冲击力，它在处理各种建筑元素，比如屋顶、内部空间以及立面材料和单一形式等方面还是成功的，除了要减少它的施工成本之外。

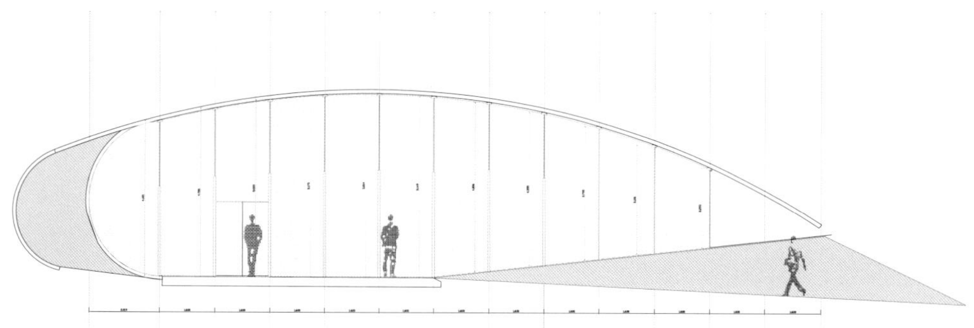

平台立面

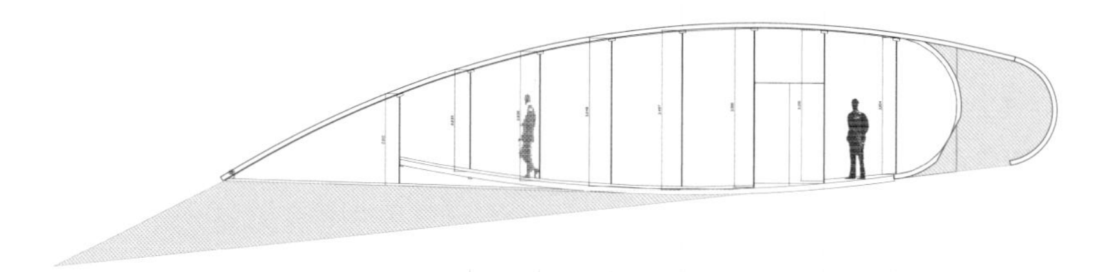

沿街立面

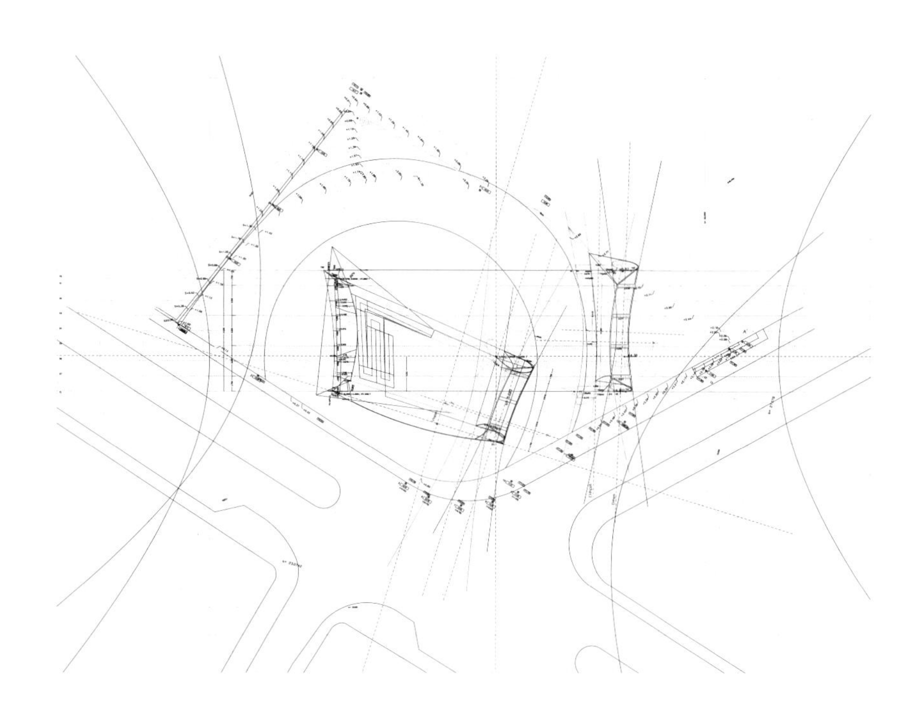

几何平面

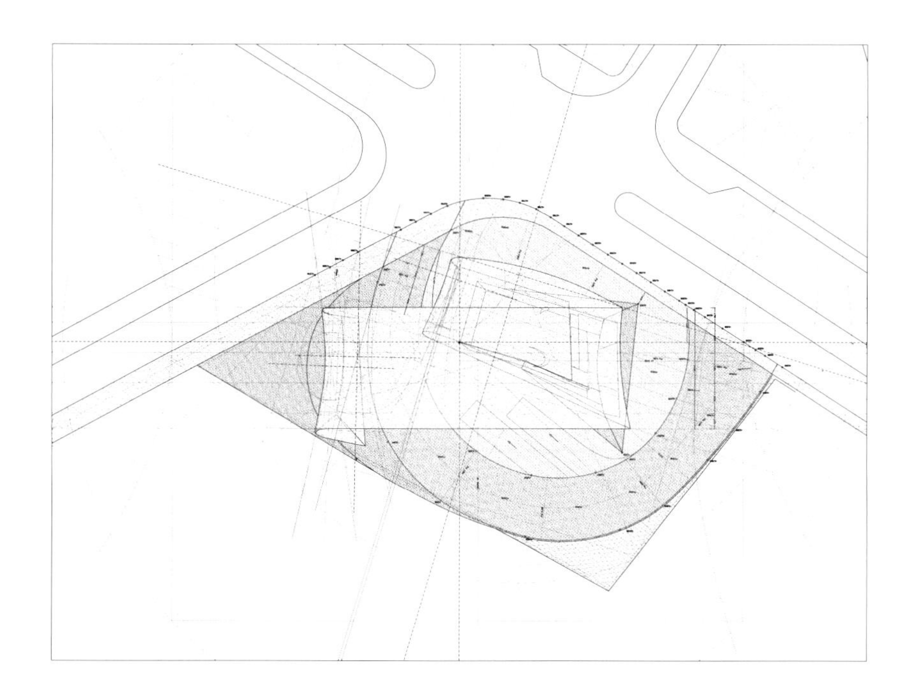

屋顶平面

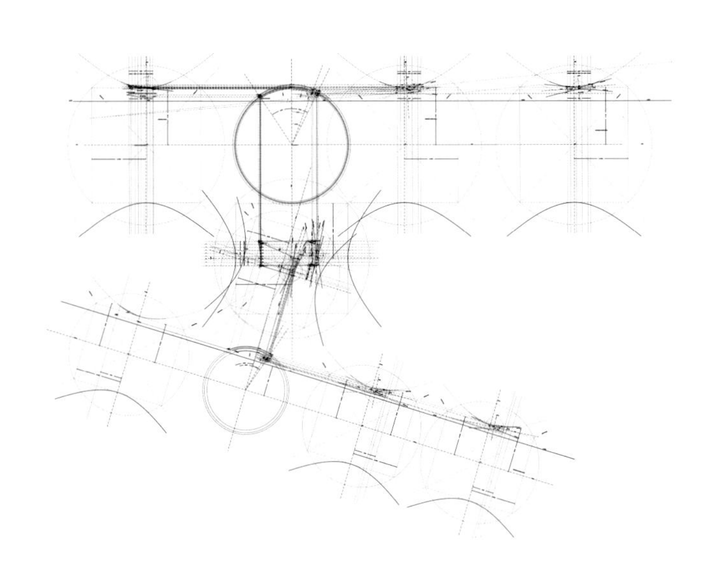

主薄壳的几何分析

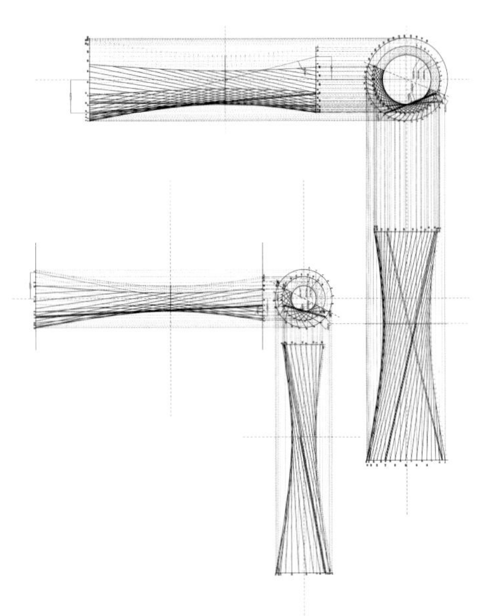

木模支撑节点

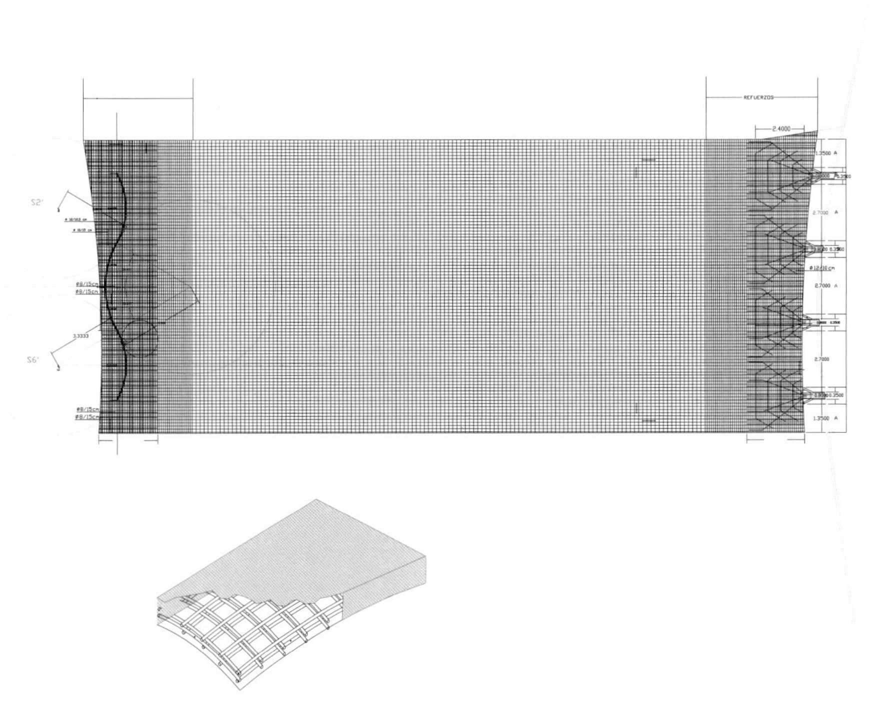

主薄壳的结构

两种材料被用来建造建筑，白色混凝土作为薄壳，灰色混凝土作为地面（也用作支撑）——加强了地下部分与上部薄壳之间的区别。随着薄壳上升的格局其自身被分为两个部分，轻盈的部分给人留的印象是随风飘舞。地下部分，地板被抬升起来并作为支撑结构，划分出了边界，地板抬升形成的曲面墙体既强调了公共汽车行驶路线，同时加强了建筑与车站后面的公园的空间联系。

蜗牛

苏格兰格拉斯哥科学博物馆是该城市最重要的建筑之一；它给曾经衰败的海港码头注入了新的活力。博物馆有三栋主体建筑——科学中心，IMAX 剧院和一座高达 161ft（127m），拥有 360° 全方位观察城市景观的旋转塔，这三者很好地融为一体。科学中心和剧院由玻璃入口和光滑的屋面联系起来，科学中心和旋转塔则是由探索隧道加以联系。这三栋建筑在功能、结构以及施工方面具有良好的创新性、实验性和科学性，这也使得建筑自身就成为很好的展品。建筑的外壳上覆盖着钛、镁、玻璃和花岗石。钛金属作为建筑的外表皮首次在英国被采用，展现了建筑独特的质感。建筑内部采用的材料是裸露的混凝土，天然木材、钢材和玻璃。博物馆群里的主体建筑是半月形的科学中心，它南侧的钛金属表皮有效地保护了展览馆不受阳光直射，与之相对的北侧则可以充分地接受阳光的照射。IMAX 剧院是苏格兰首家 IMAX 剧院，可以容纳 370 人。剧场的外表皮采用了钛金属，而建筑的前部分则包裹在玻璃膜中。

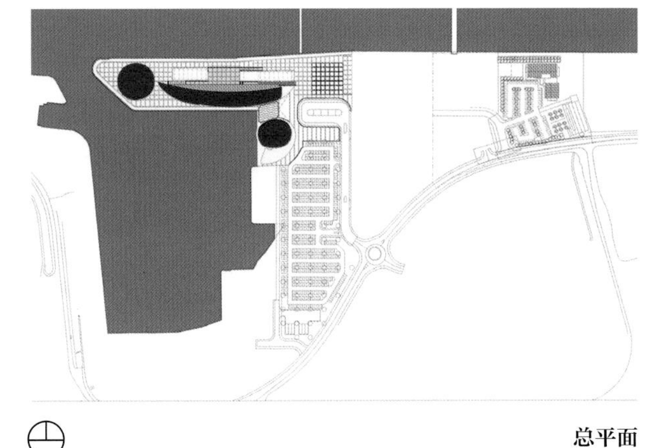

总平面

建设单位
格拉斯哥议会

项目类型
科学中心

位置
格拉斯哥，苏格兰

总面积
161459ft^2（15000m^2）

竣工日期
2001 年

摄影
佐伊·布劳恩 | 阿图尔

格拉斯哥，苏格兰

格拉斯哥科学博物馆

英国 BDP 建筑合伙人

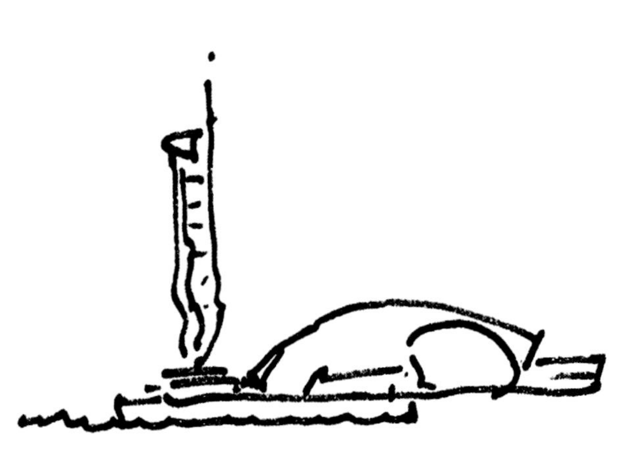

初期草图

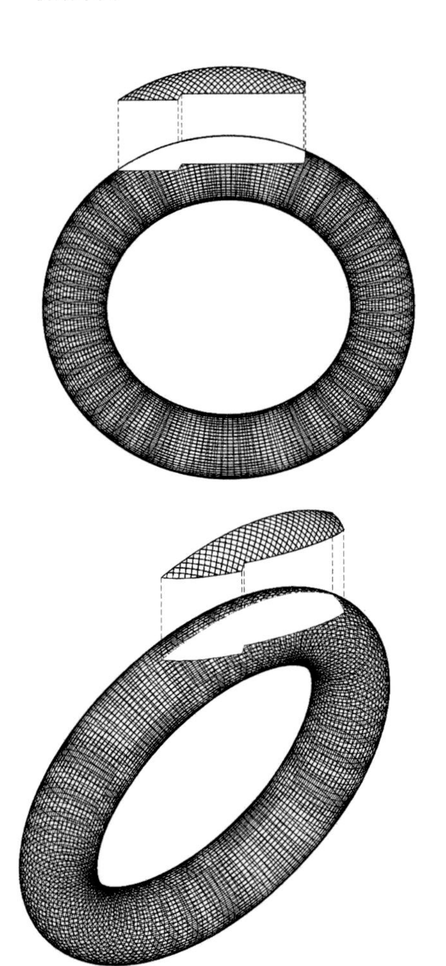

体积几何研究

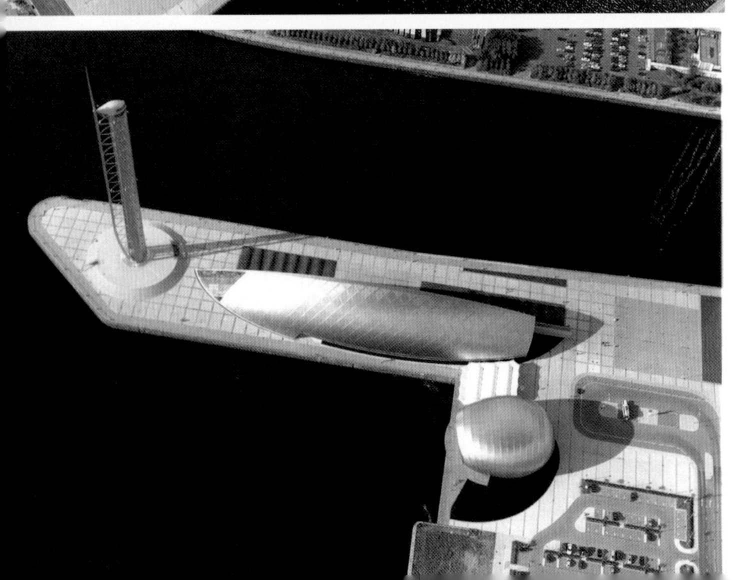

设计师关心建筑的自给自足以及环境问题，尤其关心对初始设计有较大影响的方位、体块、工程、材料以及能源问题。因此，科学中心充分利用了画廊之间的自然光，从而降低了人工照明的成本。为了节约能源，设计师在此项设计中，充分利用了自然通风、高效热能以及河岸位置等有利因素。设计师依据太阳的运动轨迹，整合了所有吸收能量的技术，将覆盖科学中心南侧的钛金属壳体设计成一种模型，这种模型使太阳能得以保存和回收，并将能源用于内部的展览或科学研究。紧随其后，其他技术资源——如光伏电池、太阳能电池板和先进的艺术玻璃也被逐步添加到建筑的表皮中。

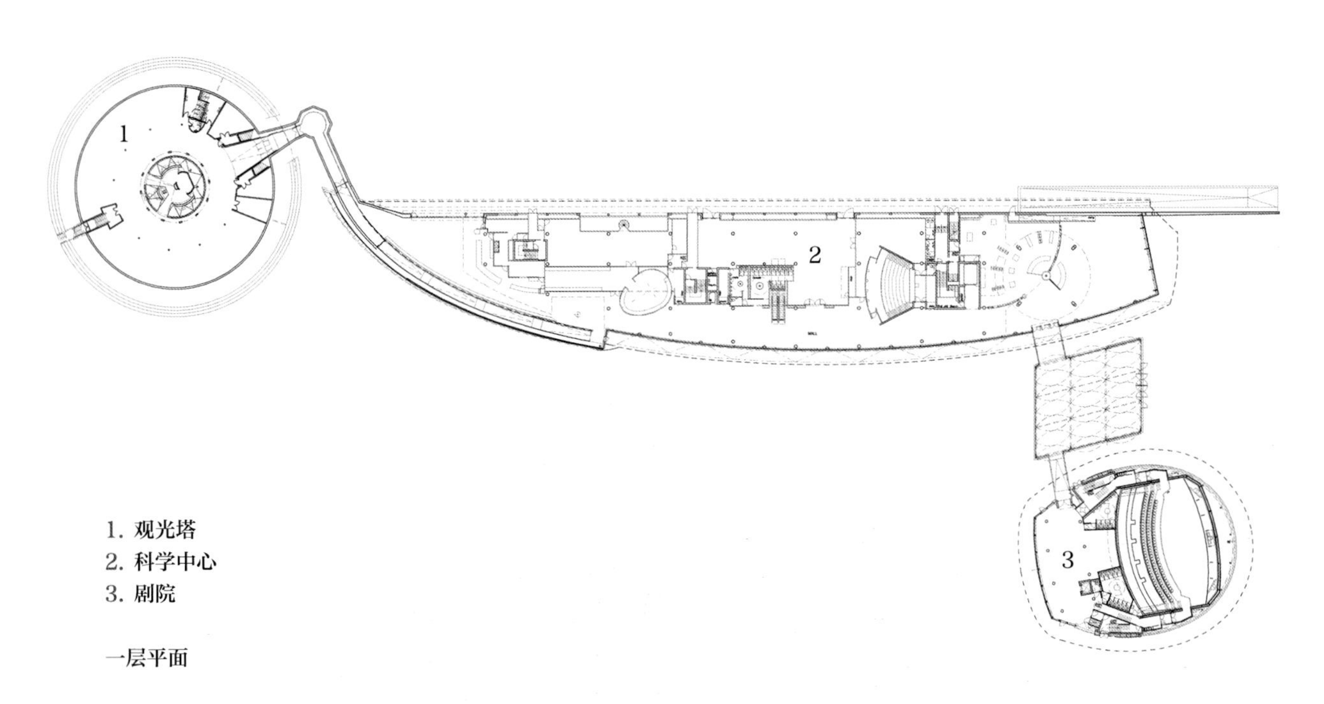

1. 观光塔
2. 科学中心
3. 剧院

一层平面

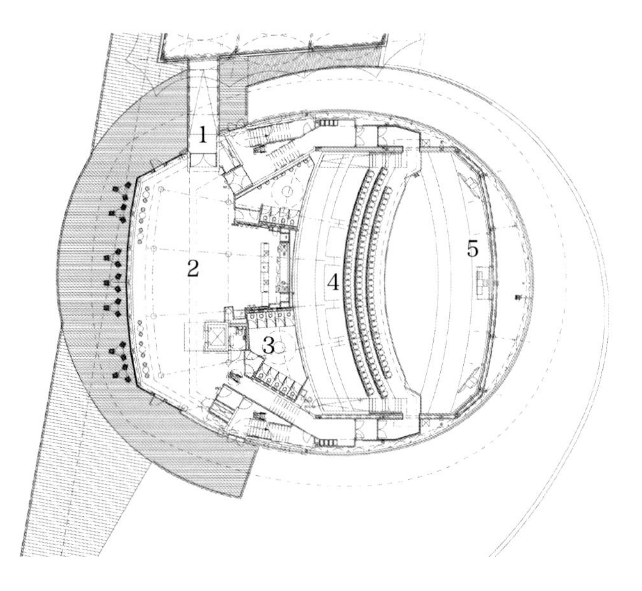

1. 入口
2. 门厅
3. 厕所
4. 座位
5. 屏幕

剧院地下层平面

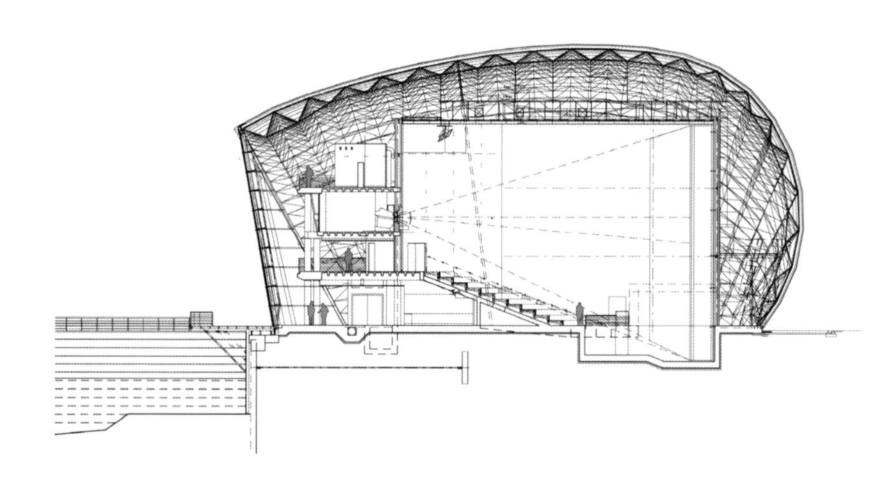

IMAX 剧院横向剖面

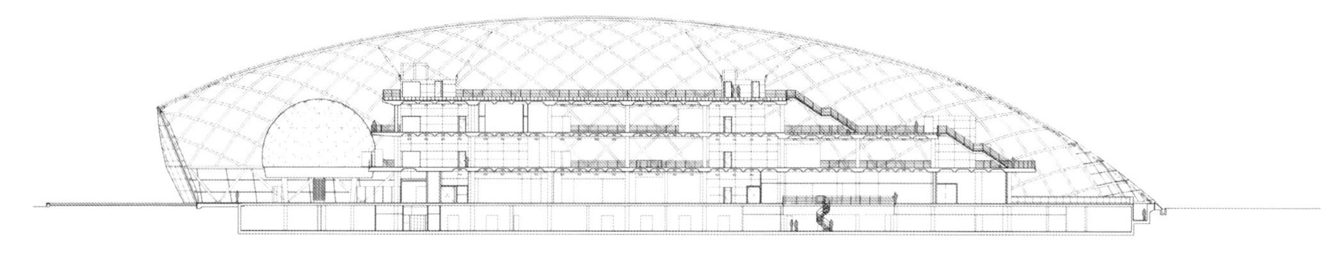

科学中心纵向剖面

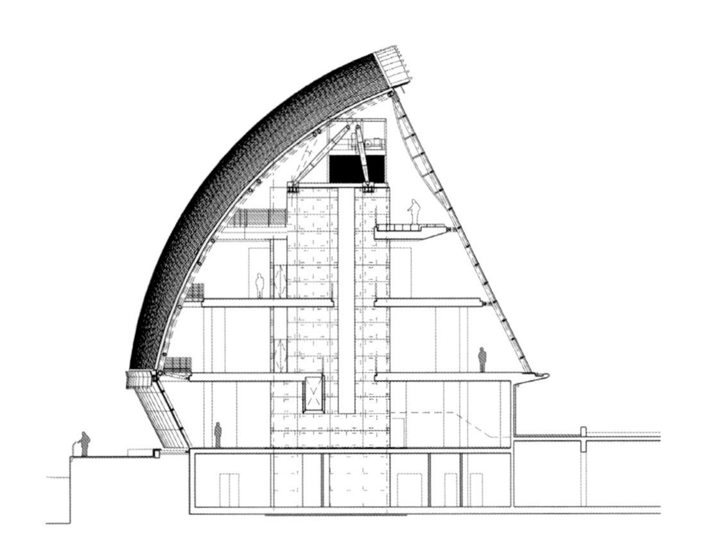

科学中心横向剖面

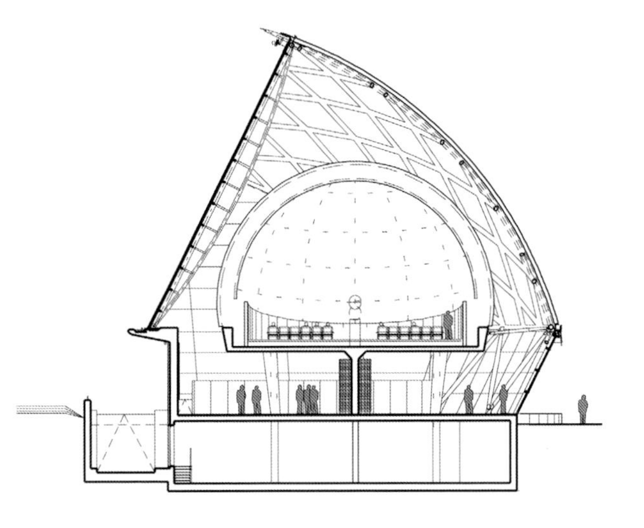

科学中心横向剖面

explore

GSC Clyde Explorer

蜗牛

托雷维耶哈是西班牙南部地中海沿岸的一个很欢迎的温泉小镇。那里常住人口约为 6 万，夏天小镇田园诗般的海滩和周围美丽的山水湖泊吸引了众多游客，小镇的人数会上升十倍。湖里高浓度的浮游植物，细菌和盐使湖水在日光下变成了粉红色，具有代表性的粉红色湖水增添了该地区的魅力。众所周知湖里的泥浆具有医用功效，因此这些湖泊的泥浆被广泛用于各种水疗中心。建造此公园的目的既希望为人们提供这些有利因素，又不想从根本上改变周围的环境（这与之前的一般程序相反）。这个项目形态类似滨水驳岸，通过沙丘轻轻展开，以此保持与海滩和湖泊等自然环境的和谐。建筑像一个巨大的贝壳被埋在沙子里，这种形式在三座建筑中得以应用，相互呼应。在第二个建造阶段，这三座建筑最终将被设计成一个餐厅、一个信息中心和一个露天浴池。

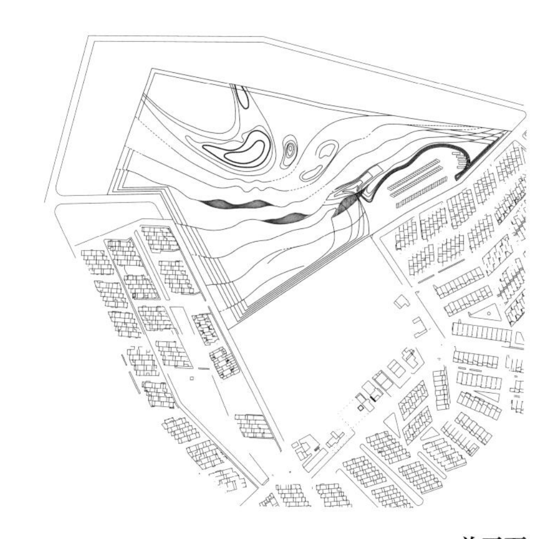

总平面

建设单位

托雷维耶哈市政厅

项目类型

水疗中心

位置

托雷维耶哈，阿利坎特，西班牙

总面积

13400ft^2（1245m^2）

竣工日期

2005 年

摄影

丹尼尔・苏亚雷斯・扎莫拉

西班牙，阿里坎特，托雷维耶哈

托雷维耶哈公园

伊东丰雄建筑设计事务所

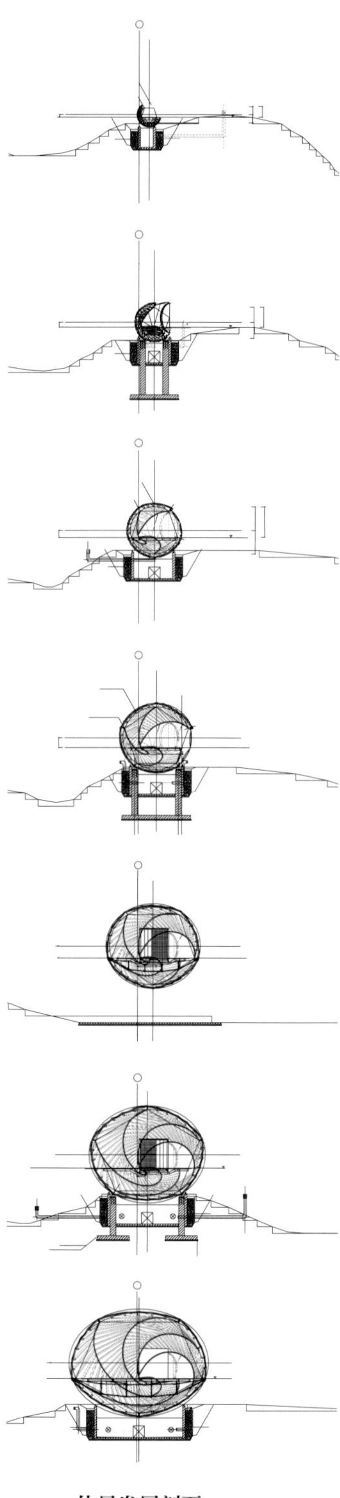

体量发展剖面

虽然这个结构看起来很复杂，但实际上这个设计却是建立在一个非常简单逻辑的基础上。蜗牛形式的平面由贝塞尔曲线产生，椭圆的半径是从主轴导出的，该形式赋予了景观连续性。五根直径为 2.36in（60mm）的钢筋与 14.8 ～ 16.5ft（4.5 ～ 5m）长的木梁交织在一起，以螺旋形式构成蜗牛的形状。一些户外元素采用胶合薄板覆盖，这种特征使结构骨架的效果更加突出，使其更接近动物的有机形式。螺旋状铁支撑的夹层将钢筋连接起来，使建筑更加坚固和稳定。

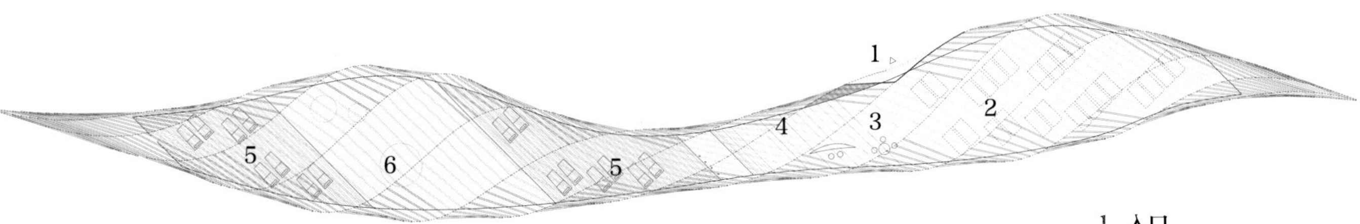

温泉中心平面

1. 入口
2. 热沙浴
3. 前台
4. 淋浴
5. 休闲区
6. 热水浴

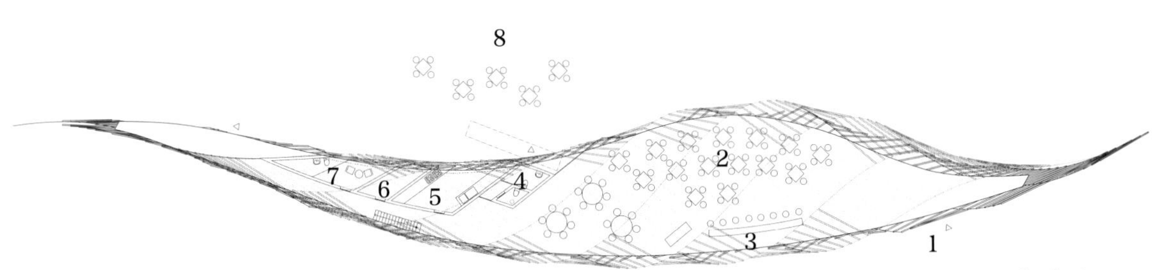

餐饮中心平面

1. 入口
2. 餐厅
3. 吧台
4. 厕所
5. 厨房
6. 储藏
7. 办公
8. 户外餐饮区

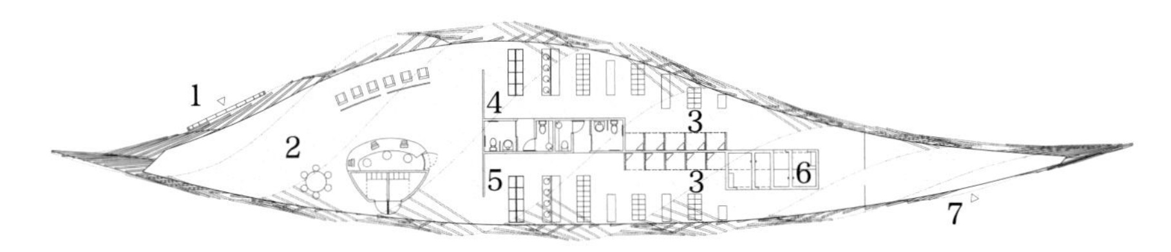

信息中心平面

1. 入口
2. 前台
3. 小房间
4. 男士更衣间
5. 女士更衣间
6. 淋浴
7. 次入口

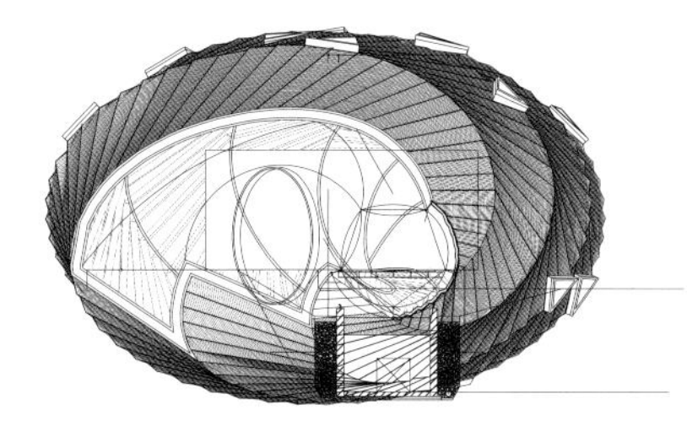

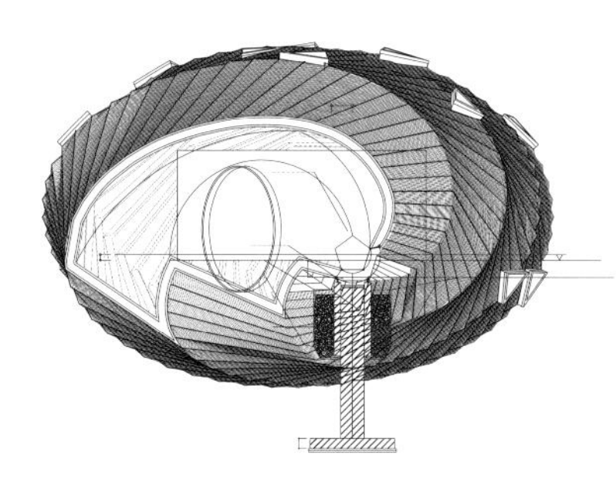

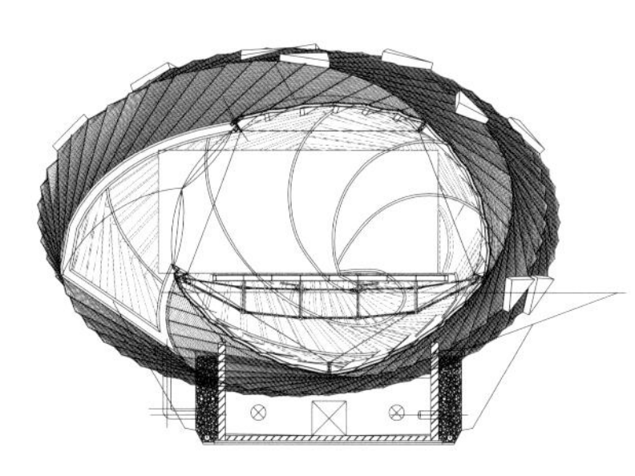

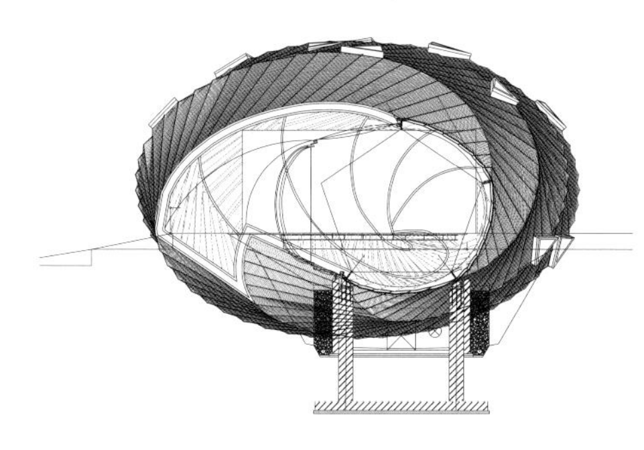

横向剖面

乌龟壳

布尔诺—图拉尼国际机场，位于捷克共和国第二重要城市布尔诺东南部的一条高速公路旁。该项目的主要目标是建立一个新的离港终点站，以此改善机场的工作条件，提升为客户提供的服务质量，使其符合欧洲申根国家规定，使机场成为为欧洲国际网中的一部分。（1985年的《申根协定》，主要涉及边境管制问题，已经有三十个，主要是西欧国家签署）。该项目还试图通过巩固与旅游业和航空旅行有关的商业活动来促进南部摩拉维亚地区的发展。该建筑设计灵感来自各种动物的甲壳，依据空气动力学的原理，为了保护建筑薄弱的内部，建筑结构非常紧凑。这种将结构完全暴露（内部和外部），类似于被钢表皮覆盖的骨架。立面需要很长时间设计和技术发展阶段，以优化其抗蚀性，为了达到这个目的，设计师创建了一个特殊的六边形模型来满足结构的技术要求，大楼最近刚刚开放，已经成为关注的中心，巩固了“通往世界和国家的大门”的地位，也拉动了该地区的总体发展。

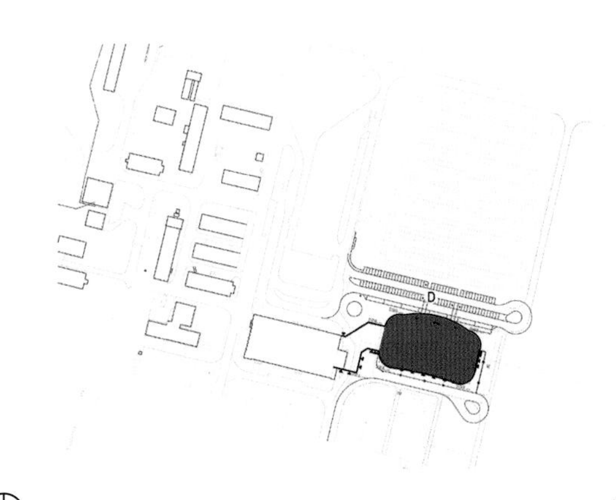
总平面

建设单位
Koláb and Pr mysl Veselý

项目类型
机场航站楼

位置
捷克共和国布尔诺

总面积
43055ft^2（4000m^2）

竣工日期
2006 年

摄影
彼得·帕罗莱克，托马斯·路德维克

布尔诺，捷克共和国

布尔诺出发到达航站楼

帕特帕洛克

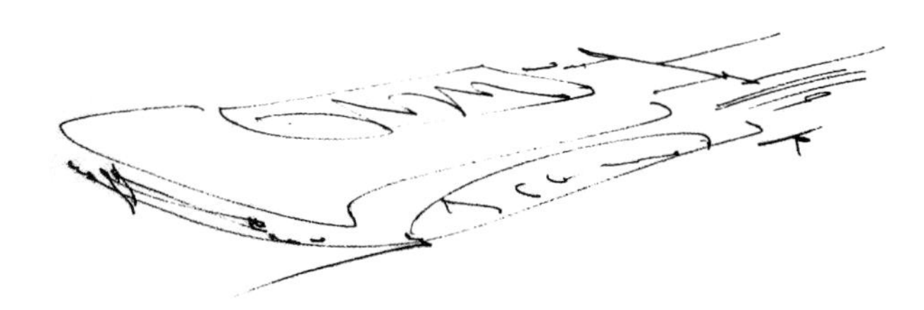

初期草图

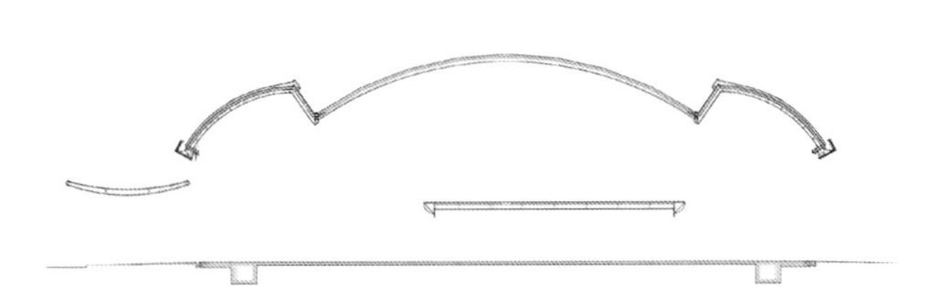

剖面示意

航站楼的结构由六个钢拱支撑，该结构很好地展现了建筑曲线形式的概念。光线从建筑东北方向进入，穿过各种不对称的拱形玻璃到达屋顶。壳体的外部被分为三个扇形结构，形成了主走廊的侧身。建筑以圆形的壳体形式闻名，通过调整光轴提高了建筑自然通风的能力，大大地节省了能源。建筑正立面利用主要的拱券控制着两端，北立面采用羽翼形拱券形式，太阳能百叶窗的利用既能减少通风成本，又很好地展示建筑周边的良好景观。

清晰简洁的圆形外部结构，不仅展示了壳体的结构形式，还遵循了飞机等运输工具的空气动力学原理。

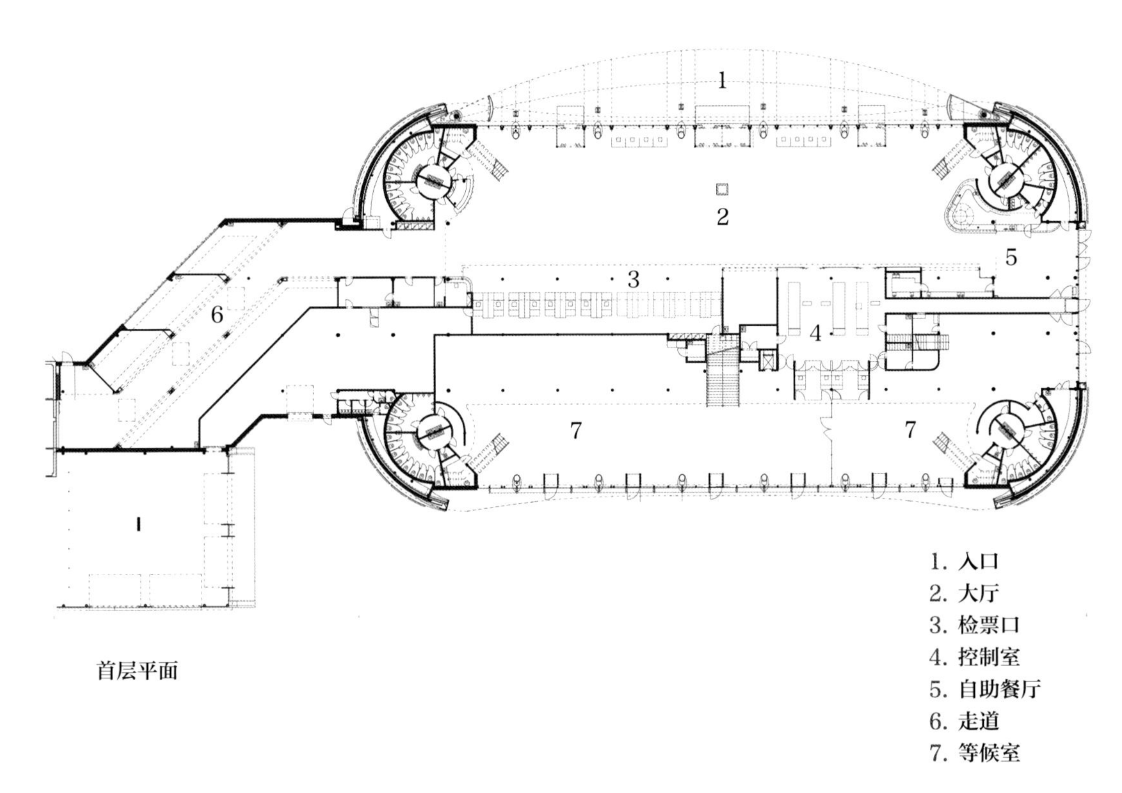

首层平面

1. 入口
2. 大厅
3. 检票口
4. 控制室
5. 自助餐厅
6. 走道
7. 等候室

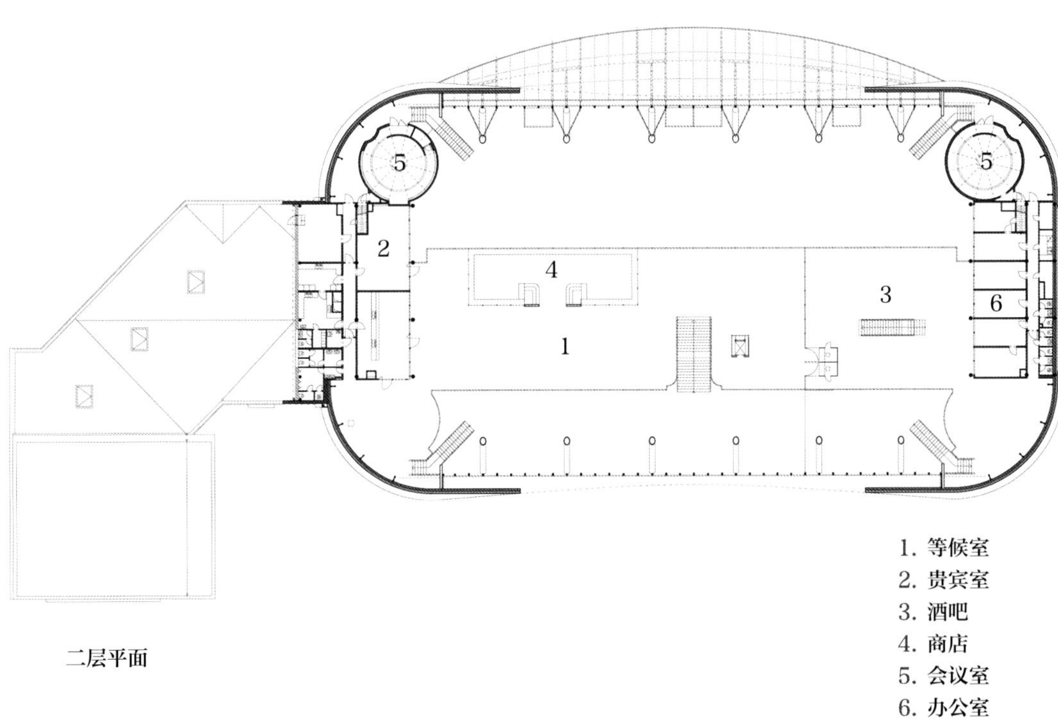

二层平面

1. 等候室
2. 贵宾室
3. 酒吧
4. 商店
5. 会议室
6. 办公室

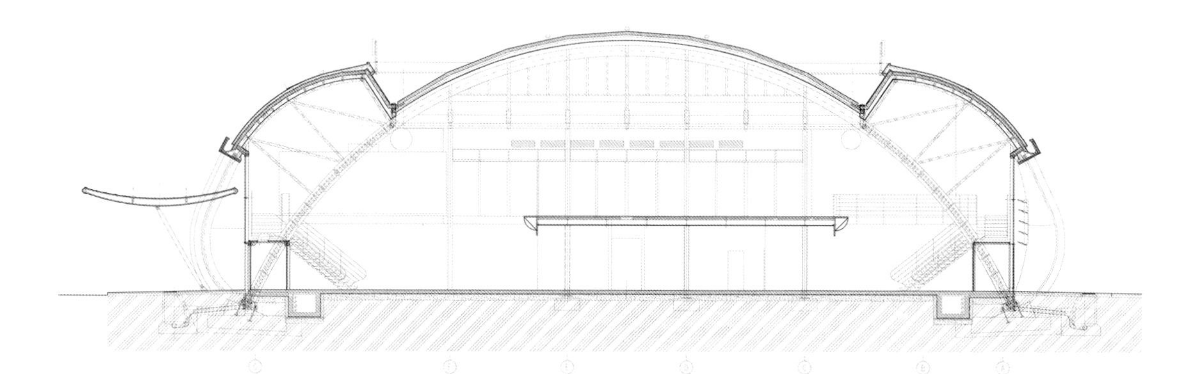

横向剖面

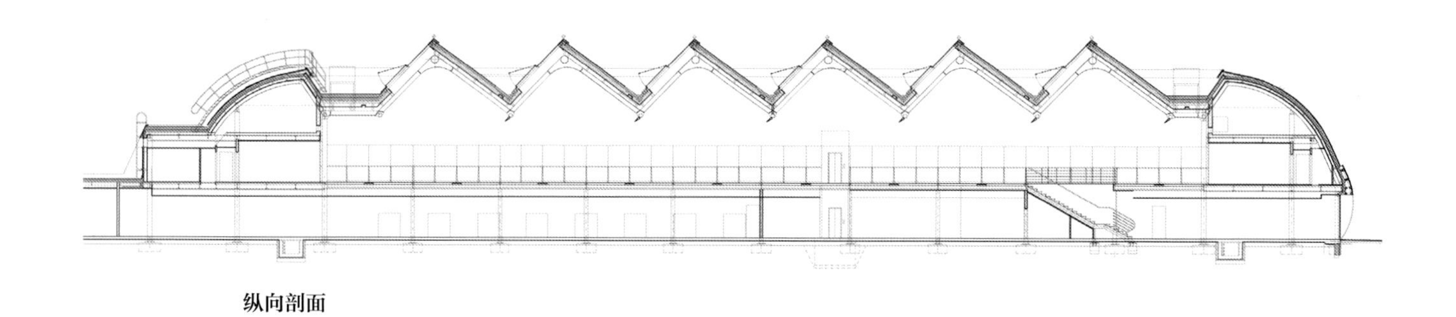

纵向剖面

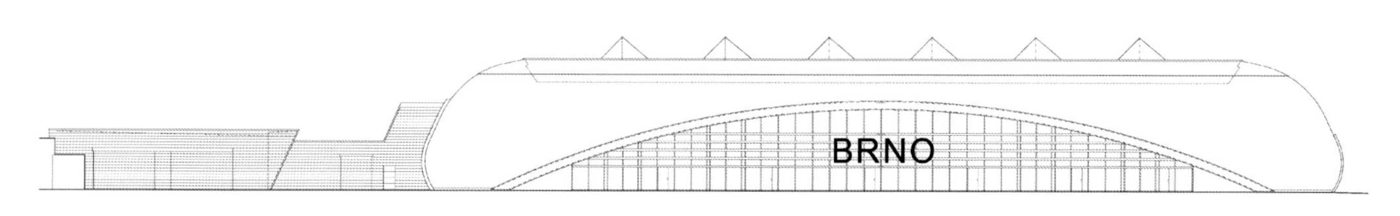

正立面

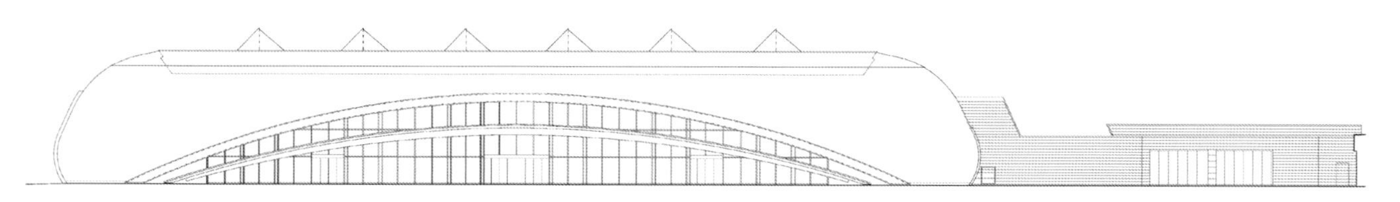

背立面

新候机楼位于中央候机楼的东侧，这样可以充分利用两个机场共同的功能空间，便于互联互通。毗邻主要走廊的外部空间是专门为常规航空公司预留的，因此在原有建筑的北部增加了一些功能。为了方便技术人员以及航空公司的工作人员，登机区被设在建筑的中心区域，在出发与到达区域之间。主入口大厅采用了矩形形状，这样形成的开阔而灵活的空间来增强机场的运营条件。

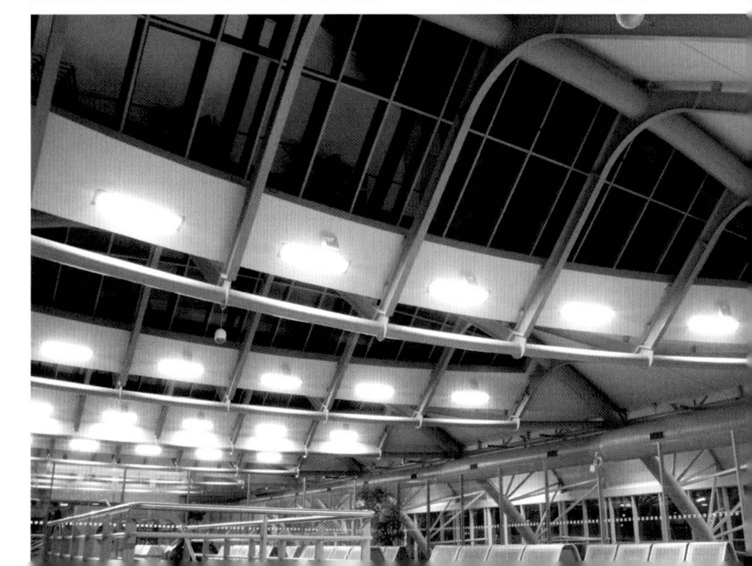

在英国，很少有建筑能够提供一系列灵活的空间以适用于举办不同规模的各种活动。格拉斯哥的苏格兰展览会议中心试图满足这个需求，该建筑是欧洲第一个可以容纳 3000 人活动的有顶盖的建筑。因为预算有限，建筑团队提出了一个经济的解决方案，在满足上述的条件下，将商业剧院、礼堂、展览厅以及会议场所复杂的功能全部结合起来考虑。这个设计灵感受到格拉斯哥的克莱德河的海军建造技术的启发。建筑的剖面形式类似保护壳，层层叠加，节节分开，让人想起犰狳的骨架（建筑物的流行绰号）。壳体部分被钢材覆盖，白天反射阳光，夜晚光芒四射。这座建筑的形象既强调了周边的环境，也使其所在的城市得以闻名，很好地巩固了格拉斯哥作为商业目的地的全球声誉。

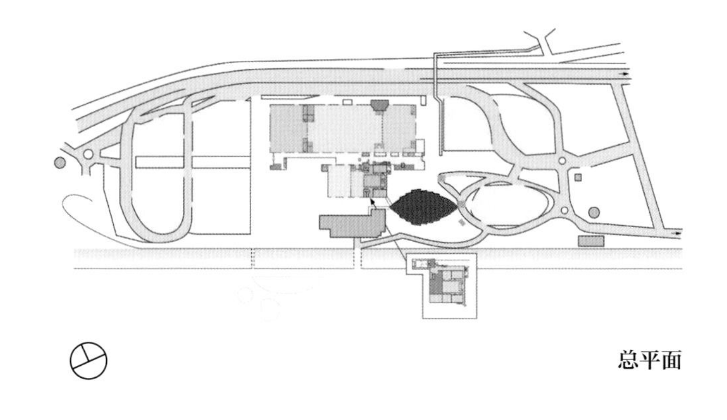

总平面

建设单位
格拉斯哥市议会

项目类型
会议中心

位置
格拉斯哥，苏格兰

总建筑面积
215816ft^2（20050m^2）

竣工日期
1997 年

摄影
理查德・戴维斯

格拉斯哥，苏格兰

苏格兰展览和会议中心

福斯特建筑合作事务所

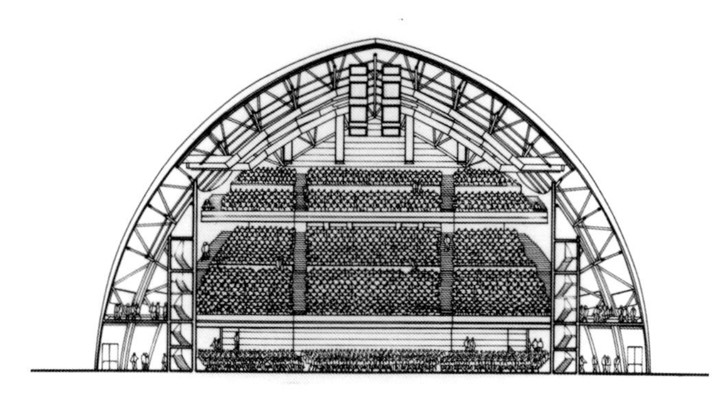

横向剖面

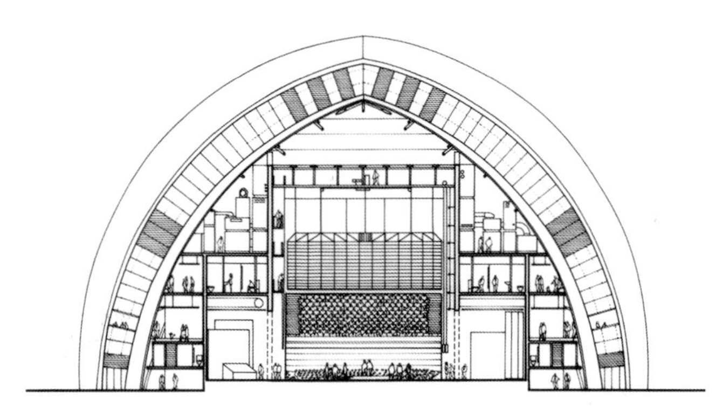

横向剖面

商业剧院需要一个功能强大、设备齐全，并且能够灵活转变的活动空间，以便举办各种各样的活动。会议厅的技术设施非常先进，配备必要的后台空间和设施，卡车可以直接在后台卸货。主剧院可以为地方选举提供同声传译服务，投影系统和声控室可以提供电子投票服务。建筑东面的拱形屋顶是建筑的主要入口，游客们可以由此进入会议厅（可以容纳 300 人），也可以通过楼梯上到一层，这是与主会堂和展览空间联系的通道。

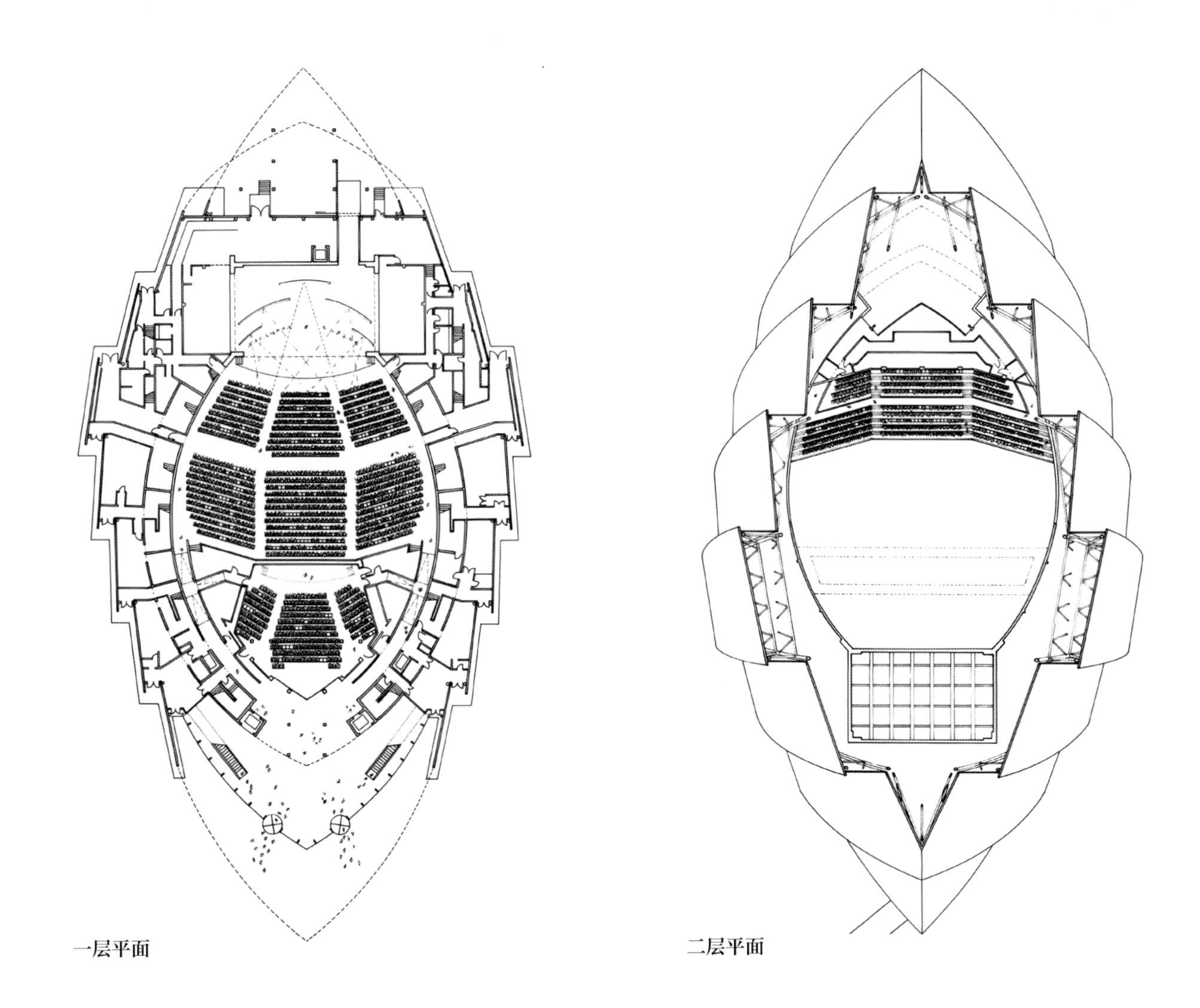

一层平面　　二层平面

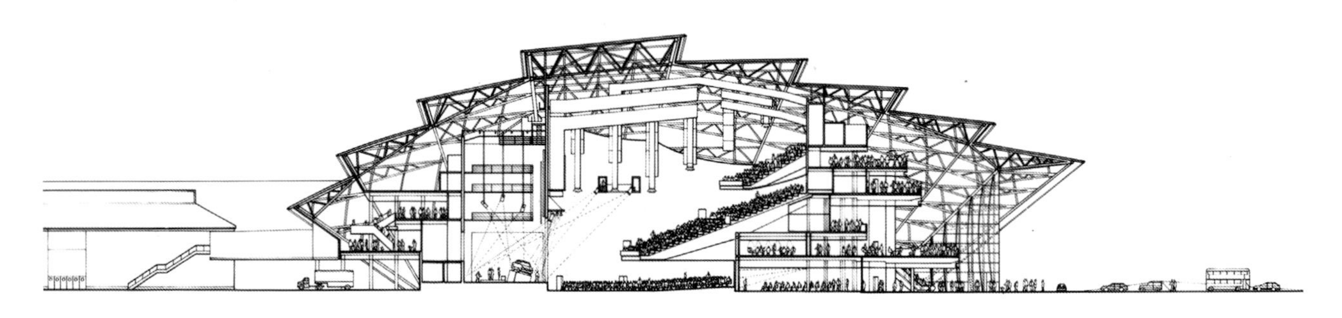

纵向剖面

灰色的地板和墙面，紫色的座位以及黑色的顶棚简洁的搭配，将外部的清晰延续到了建筑内部。

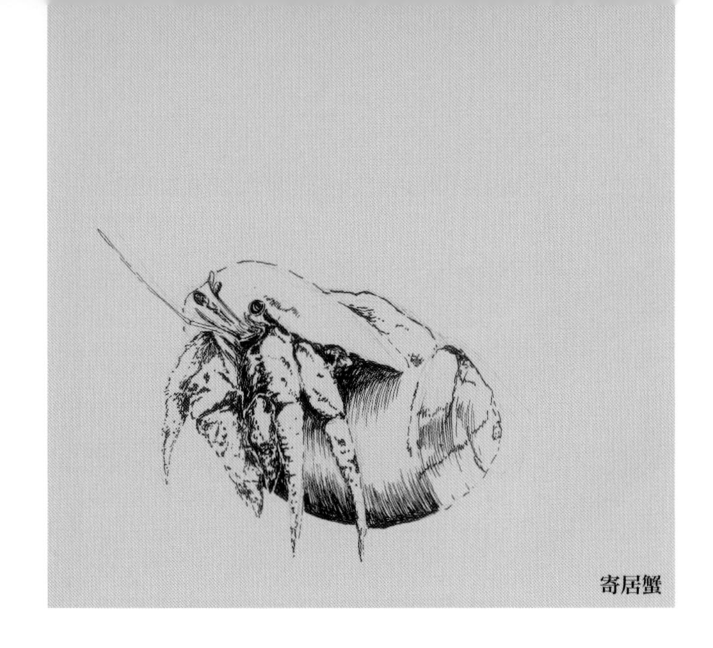
寄居蟹

葡萄牙北部的卡米尼亚，因为要进行住房改造计划因此要将一座古老的风车拆除。在整个项目设计过程中，增加了一个补充协议，要将工厂改造成适于生活和（或）休憩的空间。设计师认为在建筑本身以及空间方面没有什么可以增加的，因此希望通过修整旧的结构来适应建筑空间的新要求。在设计过程中建筑设计团队受到一些鸟类策略的启发，在改造旧风车时尽可能不接触外部墙体，在内部安装了一个铝质的屋顶。利用面积为 86ft^2（8m^2）的木材为基础建筑材料，逐步介入建筑物的内部。在入口处，楼梯采用了原有的岩石设计，这进一步减少了居住的空间。剩下的空间被充分地利用起来，增加了一间浴室和起居室，还增加了一张可以变成床的小沙发。据建筑师介绍，改造的结果能满足一个家庭的基本需求。

建设单位
阿瑟·多明格斯·桑托斯

项目类型
住宅

位置
维拉德穆罗斯，卡米哈，葡萄牙

总面积
215ft^2（20m^2）

竣工日期
1995 年

摄影
路易斯·费雷拉

维拉尔摩尔，卡米尼亚，葡萄牙

风车改造

约瑟·吉甘特

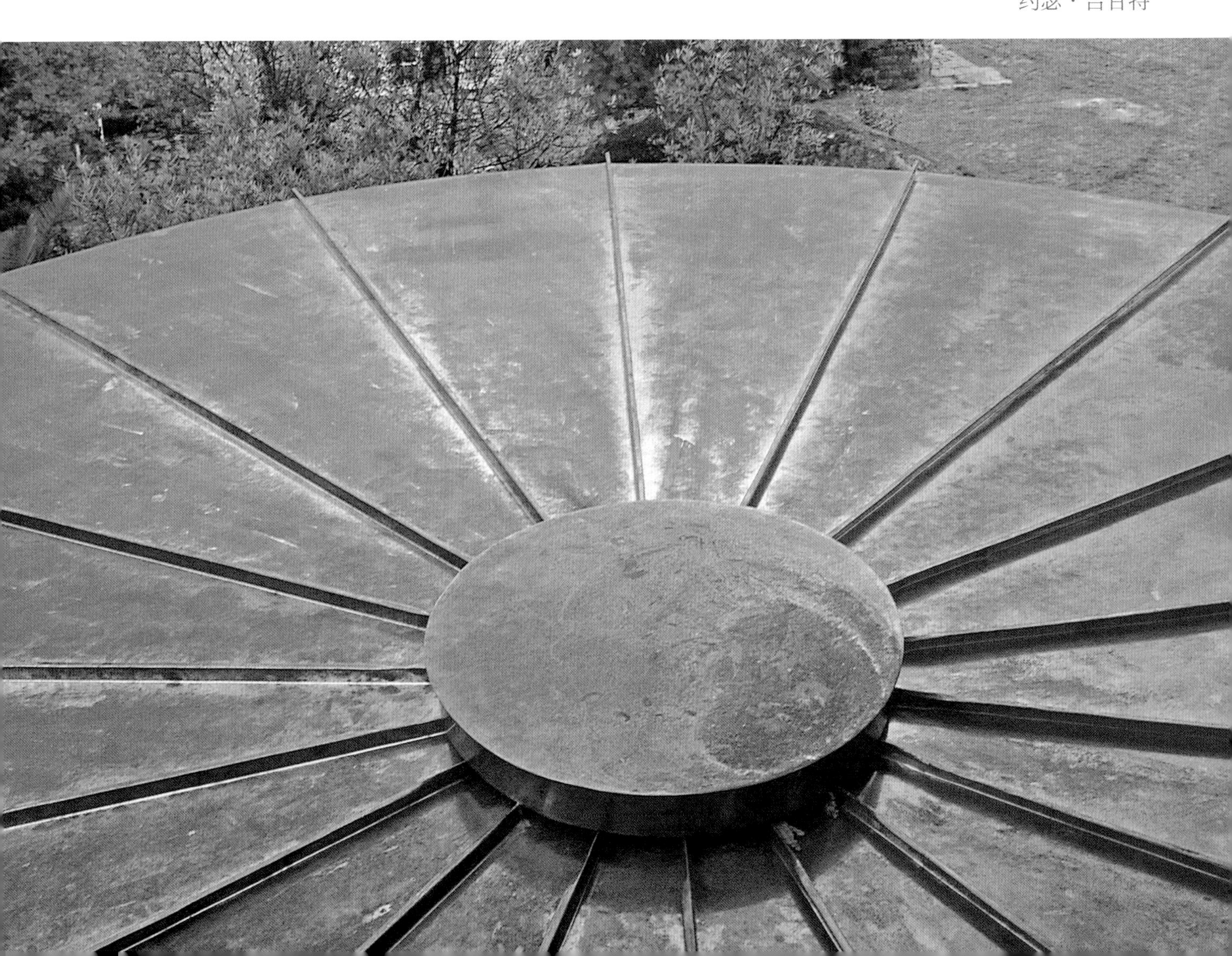

初期草图

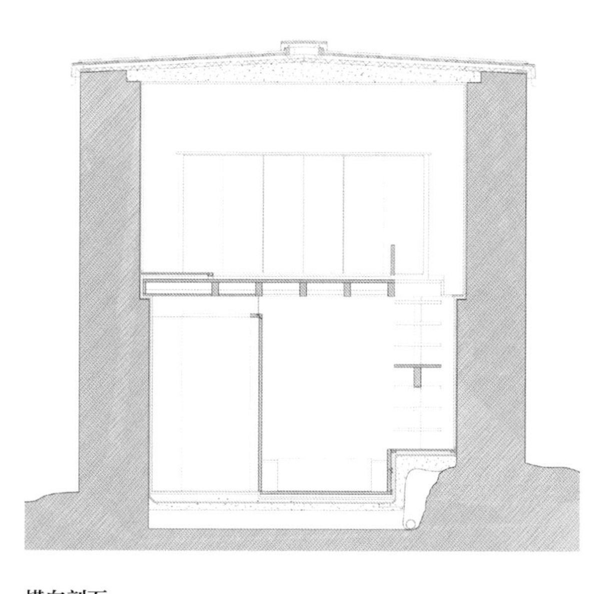

横向剖面

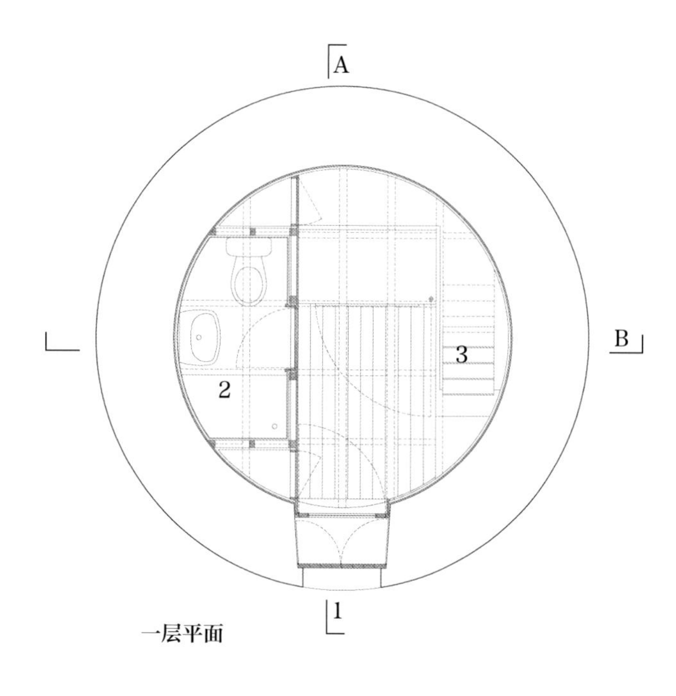

一层平面

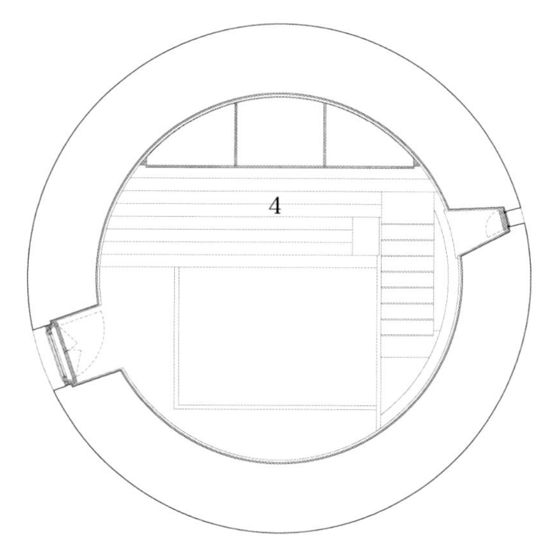

二层平面

1. 入口
2. 浴室
3. 楼梯
4. 起居室 / 卧室

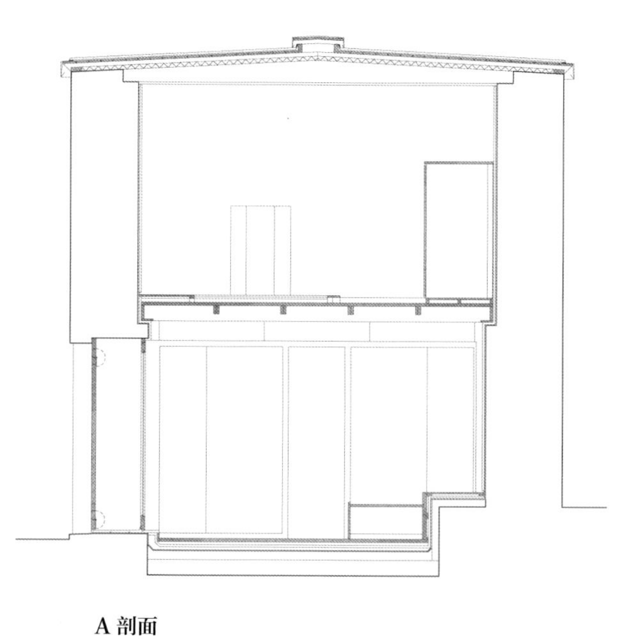

A 剖面

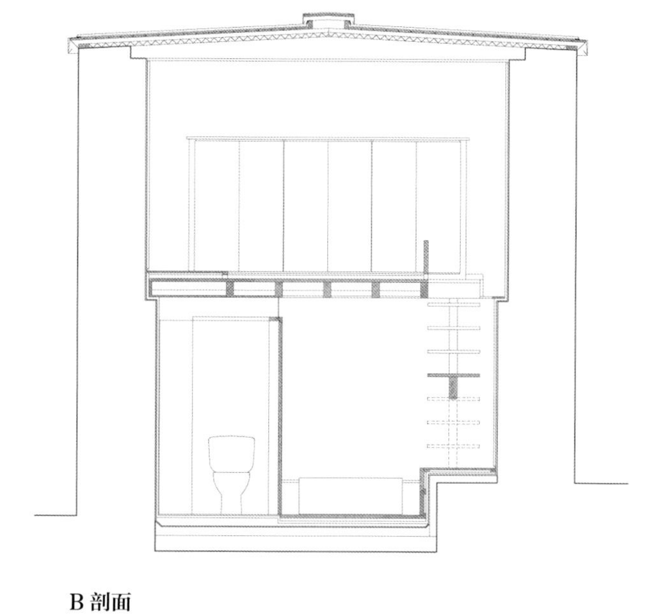

B 剖面

在二楼，有一个壁橱和一张对着窗户的沙发床。新设计保留了原有的窗户，使之能从周围的景观中受益，为了体现安全的想法，又将窗户与墙隔开，同时突出了新旧材料的对比。对于建筑室内来说，将所有材料合理地结合在一个单元中是非常重要的。外墙非常大，它的表面积比内部大了很多，成为寄生植物生长的沃土。

寄居蟹

追溯到 1780 年，莱茵河流域一栋旧建筑通过更换内部结构而得以保留整体外形（建筑因此得名）！壮丽的山地地貌和第二次世界大战对此造成的破坏成为该地区最具特色的景观，一个风景区点缀着无数的建筑遗迹。战争的狂轰滥炸并没有损伤建筑本身，在 20 世纪还多次对其进行了翻新。直到 2003 年，客户才决定将该建筑的结构做一个彻底的改变，将其变成一个展览馆。原有建筑的结构损坏严重，对其修复造价过高，由于建筑靠近一条主要的乡村道路，新建一栋全新的建筑也不切实际。因此设计师决定新建一个内部结构，将外墙作为一个整体加以保留，这灵感来源于鸟类如何改造不属于自己的巢穴。新建筑的内部与外部形成了有趣的对比，因为这两个部分都覆盖着一个屋顶，因此可以保护建筑免受恶劣天气影响。这种有机的改造成功地将 21 世纪的现代理念与 18 世纪的农村风格和谐地融合在了一起，在 2005 年为德国的建筑团队赢得了很多国际奖项。

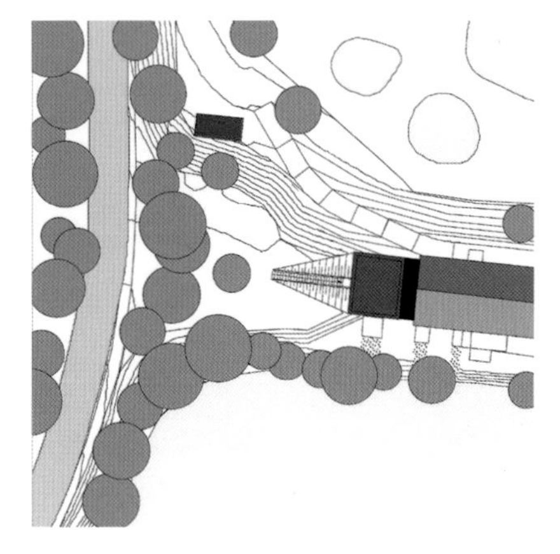
总平面

建设单位
弗雷尔兰加斯特合作事务所

项目类型
展厅

位置
埃斯伍格，兰姆森，德国

总建筑面积
226ft^2（21m^2）

竣工日期
2004 年

摄影
斯蒂芬妮・诺曼姿，佐伊・布劳恩

埃斯伍格，兰姆森，德国

拯救遗址

德国 FNP 设计事务所

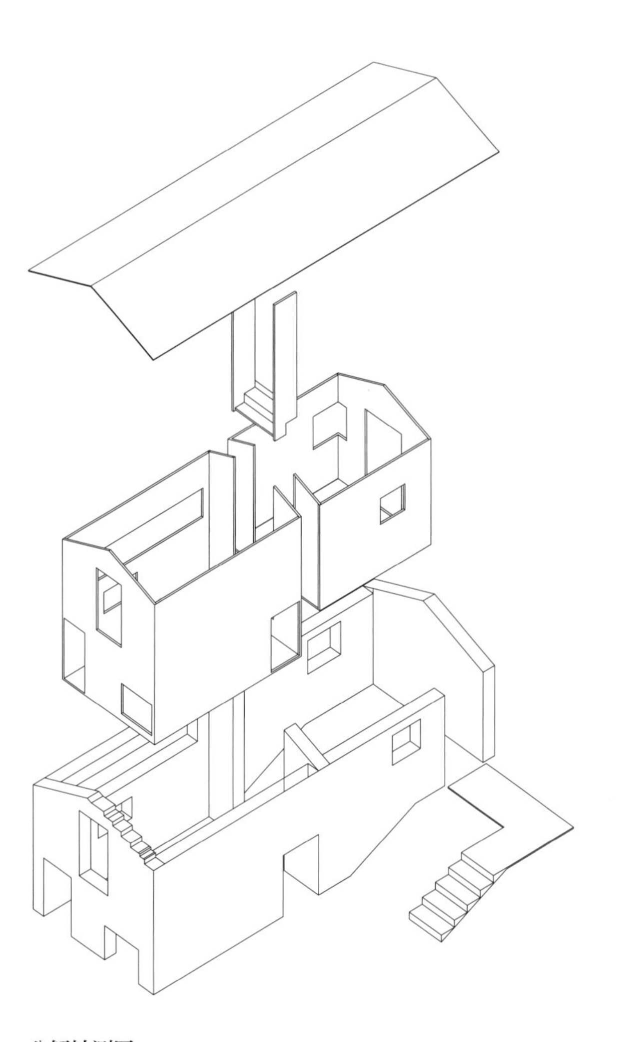

分解轴测图

新的内部结构是木头建造的，在新的结构与旧的石墙之间留下一点空隙，用起重机从顶部开始安装。窗户开得位置比较随意，显然是呼应了原有建筑的使用功能，门右下角开设了宠物出口以及一些满足业主需求的窗户。这些特点被巧妙地应用在新项目中，使展厅变成一个特殊的空间，带给游客独特的体验：游客们进入建筑，感受温暖的气氛以及变化的光线、色彩，同时也充分意识到自己进入了一个具有百年历史的建筑中。参观者体验了建筑的历史，这座建筑不再是一个废墟，它变成了两个截然不同时代的和谐融合。

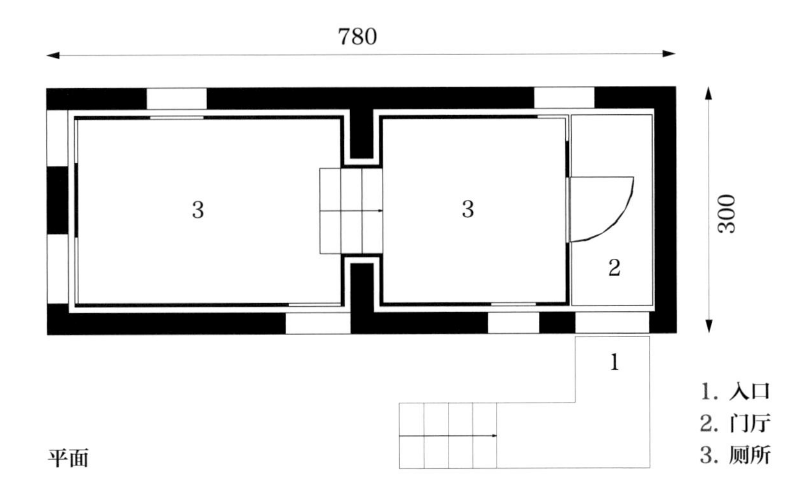

平面

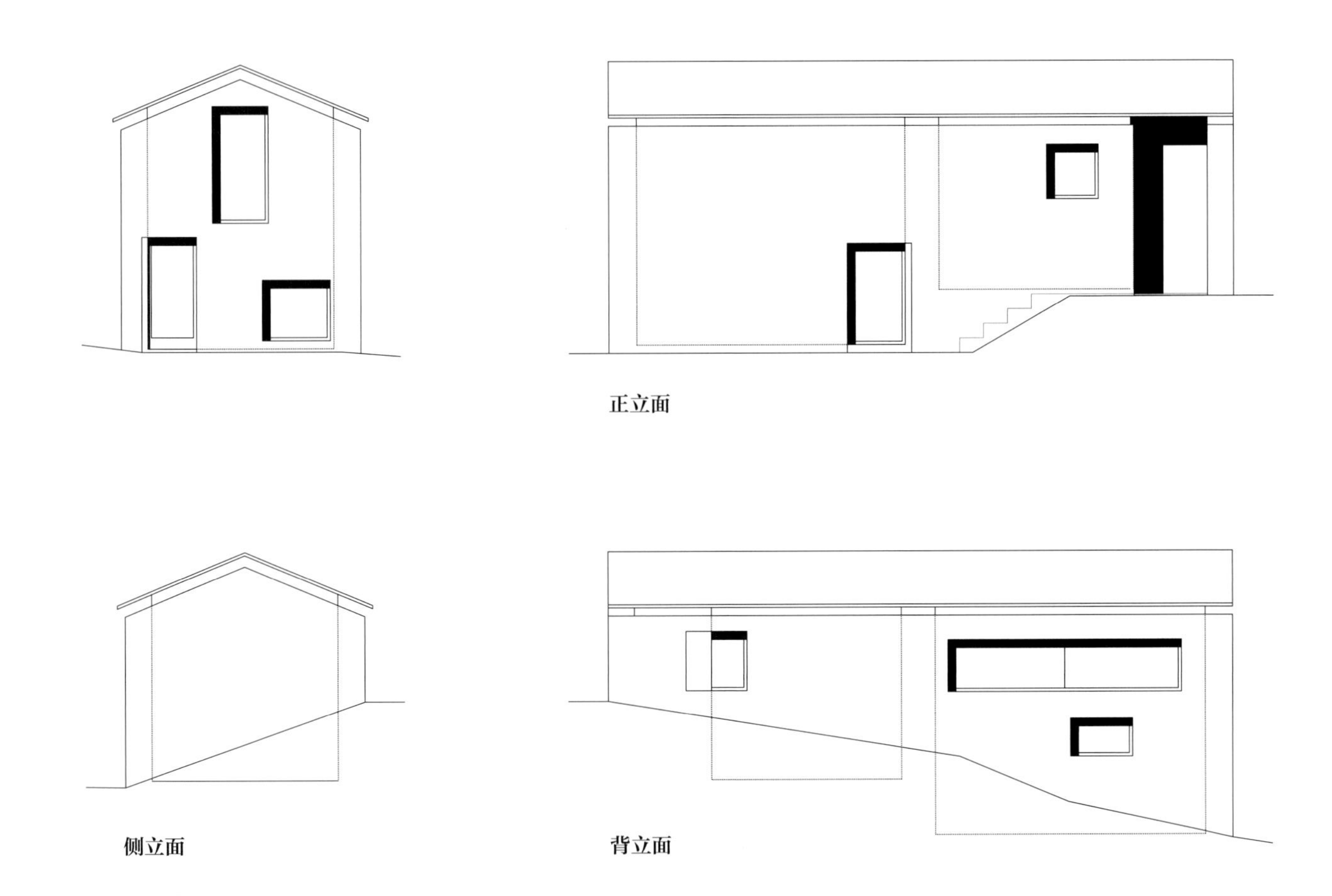

正立面

侧立面

背立面

鱼鳞

该项目位于韩国首尔松亭洞附近的一个购物中心。该建筑内部面积为 236653ft^2（21986m^2），建筑内部有众多的商店以其折衷主义风格和良好的信誉，吸引了数以千计的顾客前来。然而，这座建筑从外部看起来毫不起眼，建筑形象完全无法与其良好的业务声誉相匹配。因此，在 2003 年，荷兰的建筑团队 Unstudio 被完全委托改造该建筑，重点提出了建筑外立面应具有全新奢华的特点。受到蛇皮变化的启示，正立面表皮肌理翻新是贯穿整个项目的主线。最引人注目的是建筑外表面上的 4330 个光盘，就像是整个建筑的第二层皮肤。每个光盘或者说鳞片都是由玻璃和彩虹铝制成的，这种材料可以根据自然或人造光线的变化而不断改变外观的颜色，由此来改变建筑物的外观。根据观察者的观点，伴随着一天时间和天气的变化，建筑的表面也在不断地变化，因此创造了一个不断变化又引人注目的效果。此外，在夜间，它同样可以适应特殊的场合需求，比如艺术装饰和商业活动。

总平面

建设单位
韩华百货公司

项目类型
商场

位置
韩国，首尔

总建筑面积
236653ft^2（21986m^2）

竣工日期
2004 年

摄影
克里斯蒂安・里克特

首尔，韩国

霍尔希画廊

UNStudio 设计事务所

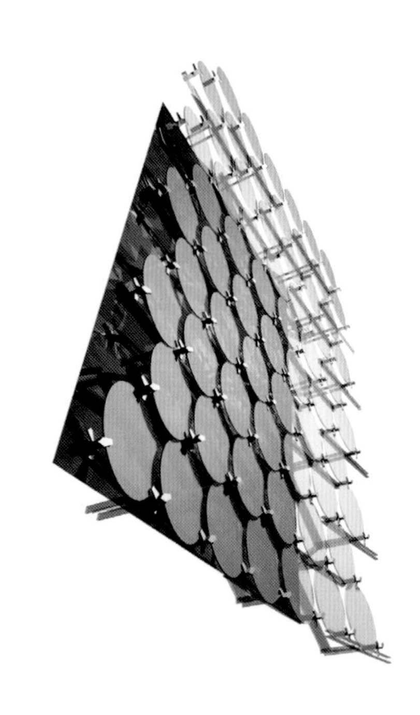

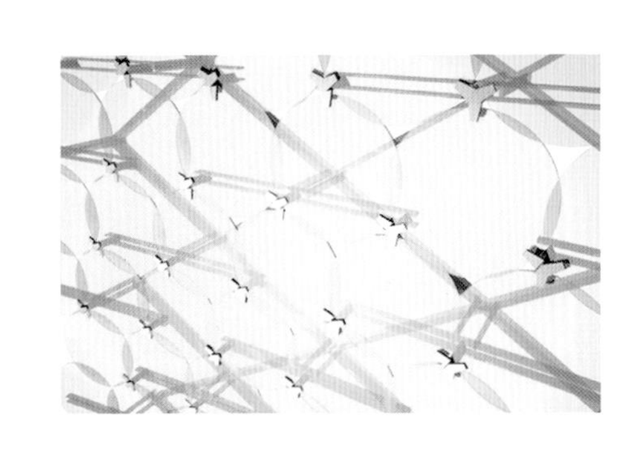

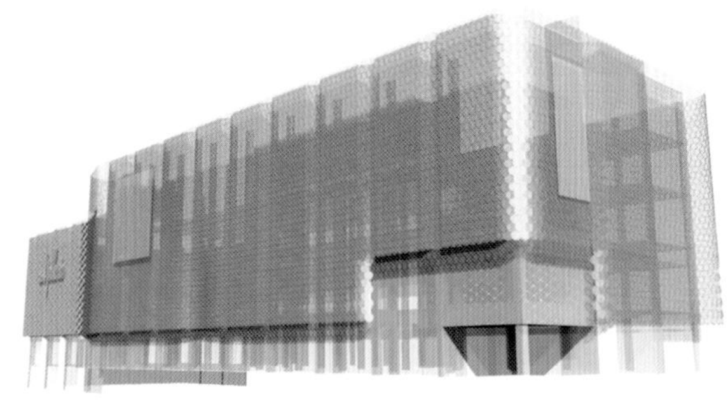

外表皮设计研究

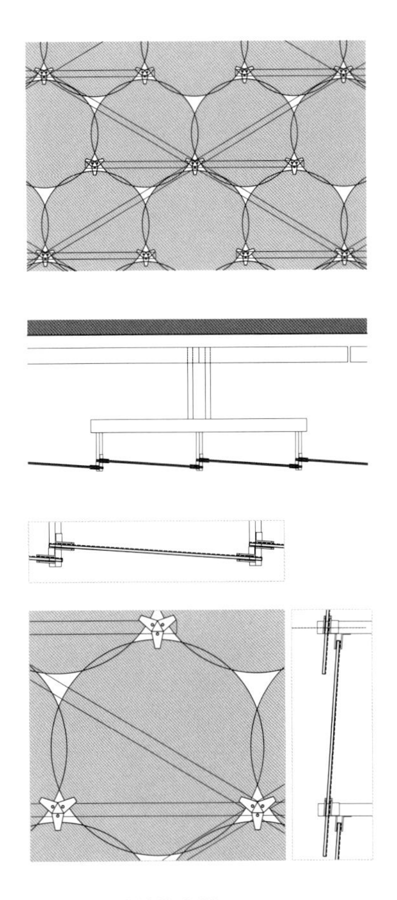

光盘的支撑结构大样

铝合金和玻璃合成的光盘（采用喷砂机压制）通过各金属支撑部件连接到用于支撑建筑物的混凝土结构层上。在大楼建成之前，必须对彩虹铝和玻璃的各种体系进行测试，以达到昼夜不同的理想的建筑形象。白天，随着天气的变化，建筑表面的颜色会发生变化，因为这些光盘对颜色的变化以及光线的照射和反射非常敏感，而这些反射则是人们无法控制的。相反，在夜晚，光盘在对光的敏感度受到数字照明的控制，数字照明与建筑材料一起创造出不同的效果。建筑立面不再像传统的屏幕那样工作，它通过再现白天的自然光线或者通过人造光源与投影数据交互作用。

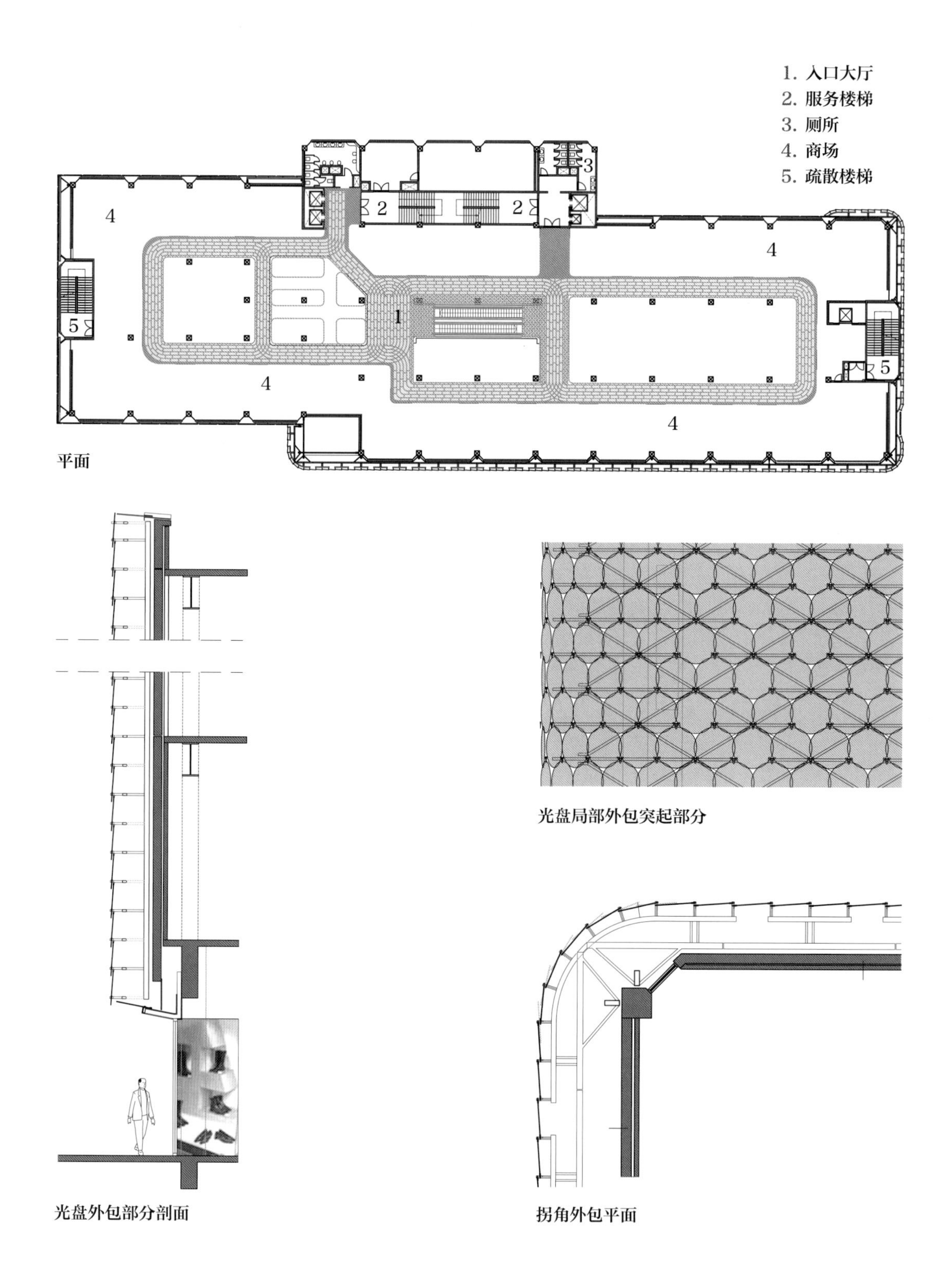

平面

光盘局部外包突起部分

光盘外包部分剖面

拐角外包平面

客户选择了荷兰安静的小镇拉伦这个地方，因为它满足了接近市场和离市中心不远的条件。客户想拆除现有的房子，建造一个更大的新房子以适应周围的环境。建筑团队提出了一个新的设计理念：在乡村环境中探索城市生活方式。这个理念引发了第一种设计方案以及对材料和细节的设想。其结果是建筑风格与材料之间产生了强烈的对比。一方面，建筑采用当地传统民居的芦苇外墙，仿佛是动物保护性的外衣，唤起人们对乡村生活的共鸣；另一方面，铜质的屋顶和弯曲的窗户暗示着城市的建筑。在建筑物的基础上建立一个木质的框架，让人想起一艘翻转的船，侧面的窗户也是弯曲的，以便与外部建立更紧密的联系，并尽可能多地捕捉自然光线。前面的窗户从基地向上延伸、分开，其高度与韵律和瀑布类似，这个特点在将客厅和日光浴室与房间内部隔开的墙体中也有体现。

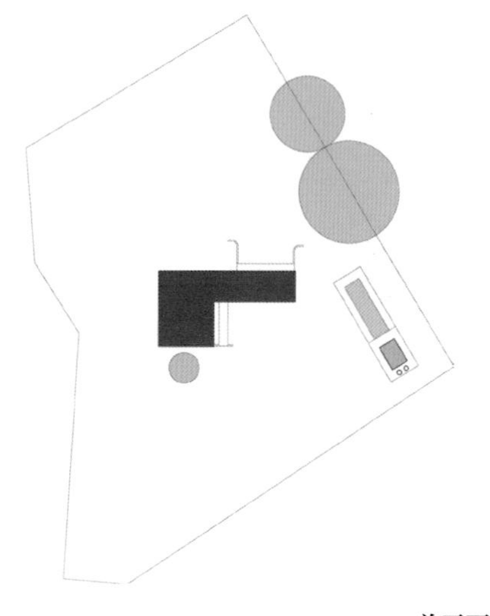

总平面

建设单位
私人

项目类型
家庭乡间别墅

位置
拉伦，荷兰

总建筑面积
2153ft^2（200m^2）

竣工日期
2005 年

摄影
卡斯帕・舒尔

拉伦，荷兰

拉伦之家

MONK 建筑事务所

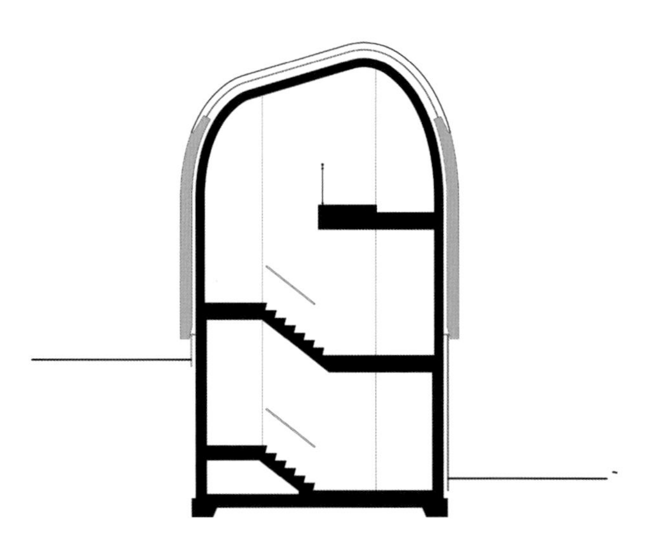

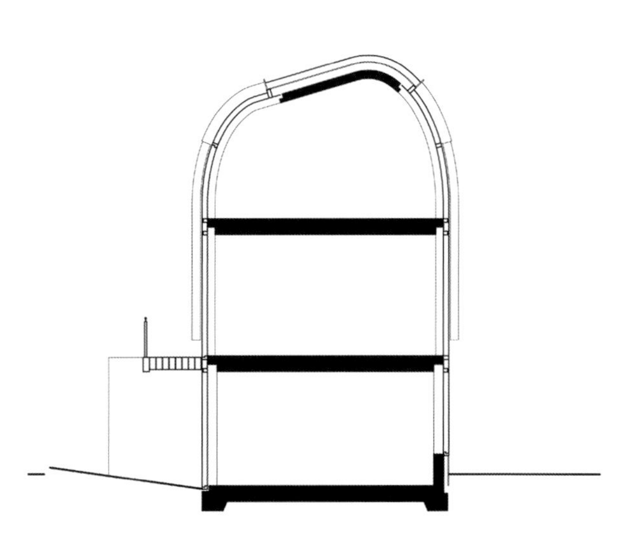

横向剖面

最终的设计根据当地的建筑规范进行了调整，利用原有建筑，在新的结构中增加了一些面积。在老建筑的基础上唯一的变化就是增加了后面的阳光房（尽管主体结构后面已经放置了一个独立的工作室）。窗户周边采用了灰色的木材，阳光浴室外面的玻璃采用叠加的木材与屋顶上的芦苇加以区别。建筑后面的一个池塘，采用灰色石材加以标识，其截面尺寸与日光浴室的玻璃尺寸相同。

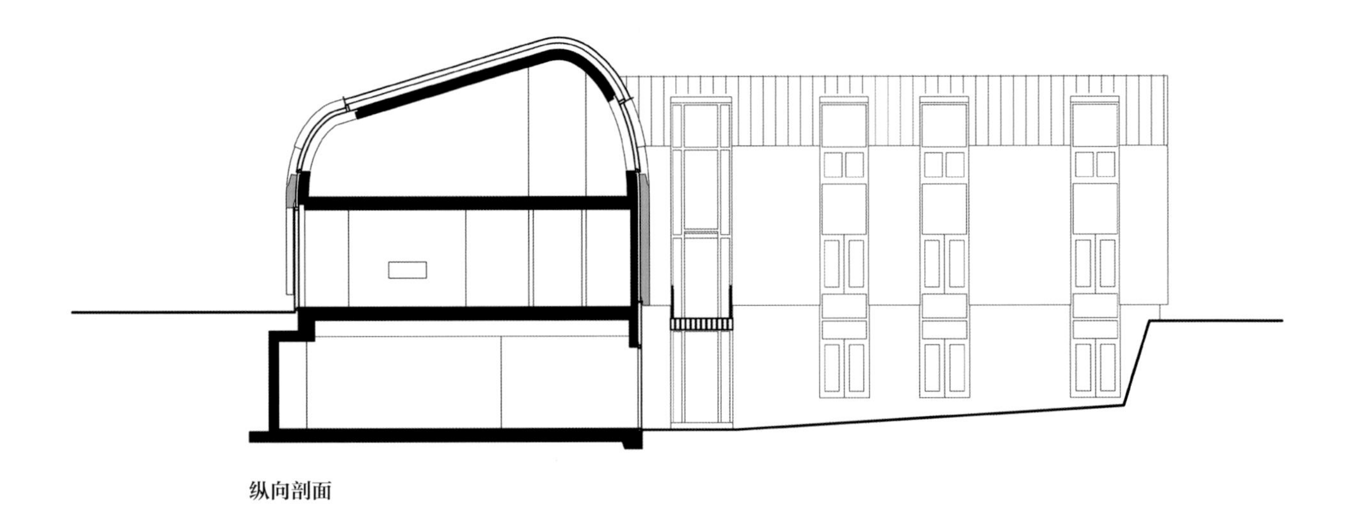

纵向剖面

纵向立面

在外立面上，三种颜色限定了建筑的不同层次，在协调中产生了惊人的节奏效果。

皮肤

这座房子位于奥地利东部祖尔恩多夫市布尔根兰州的一个宁静的地区，乍一看，房子似乎与城市的高度文明格格不入。客户希望房子的价格合理，符合周围的环境（城市郊外的果园）。预算导致了该项目中使用了非常规的资源，胶合板屋顶和墙壁都采用了特殊的形式和尺寸。聚甲醛综合隔热层被应用在建筑中以适应各种类型天气，这与大象的皮肤很相似。房屋虽然分为不同的层次，一眼望去它还是以整体的形象浮现在基地上的，房子的立面及玻璃按照简单的比例划分也反映了该地区典型建筑的特点。为了保证预算，房子采用了周围果农的意见，避免了昂贵的材料、大玻璃的安装以及不间断的搁架，这些都成为了额外的优势。

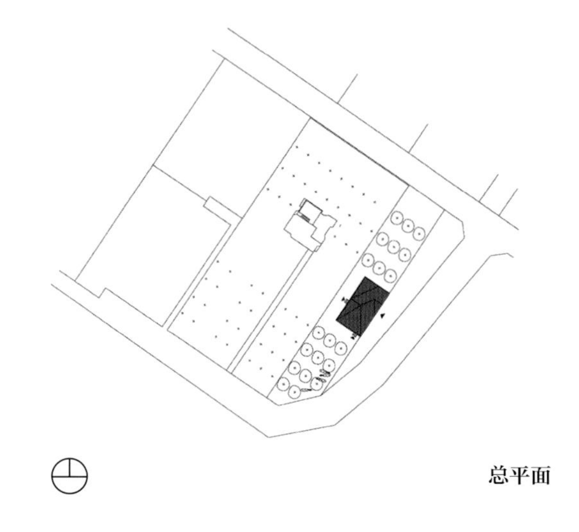
总平面

建设单位
贝蒂娜・斯蒂梅德

项目类型
家庭住宅

位置
楚恩多夫，布尔根兰州，奥地利

总建筑面积
$1076ft^2$（$100m^2$）

竣工日期
2005 年

摄影
斯皮鲁蒂尼・玛格丽塔

楚恩多夫，布尔根兰州，奥地利

大象皮肤之家

PPAG 建筑师

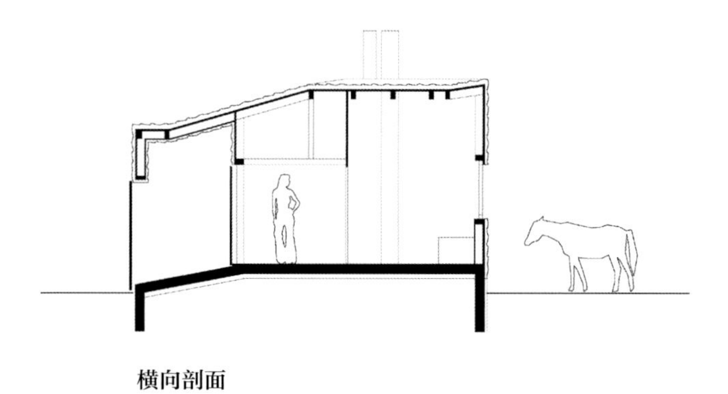

横向剖面

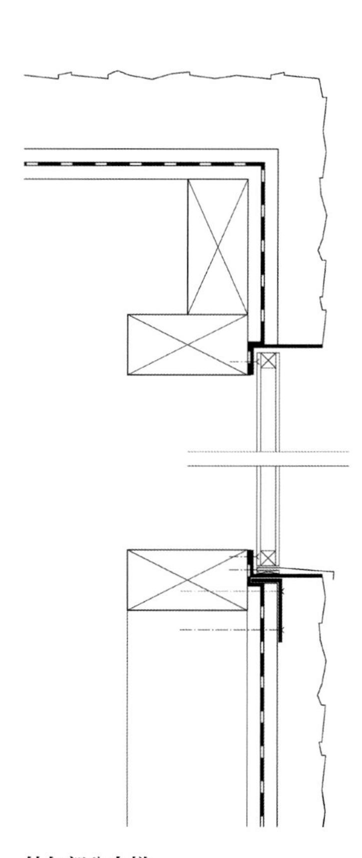

外包部分大样

尽管薄壁的厚度为 4 ～ 6in（10 ～ 15cm），但这种简单经济的结构形式完全符合当地有关隔热的规定。

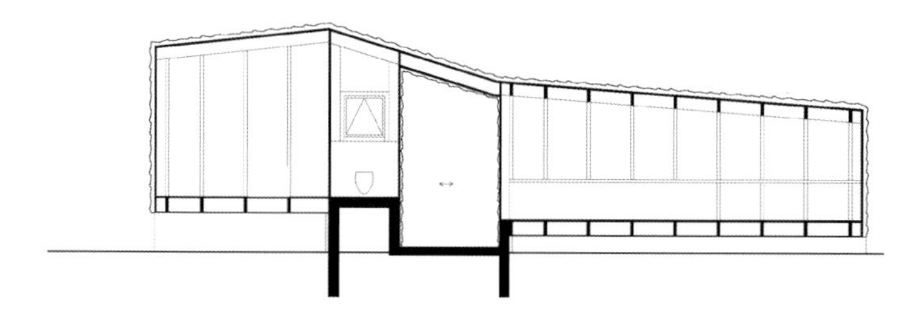

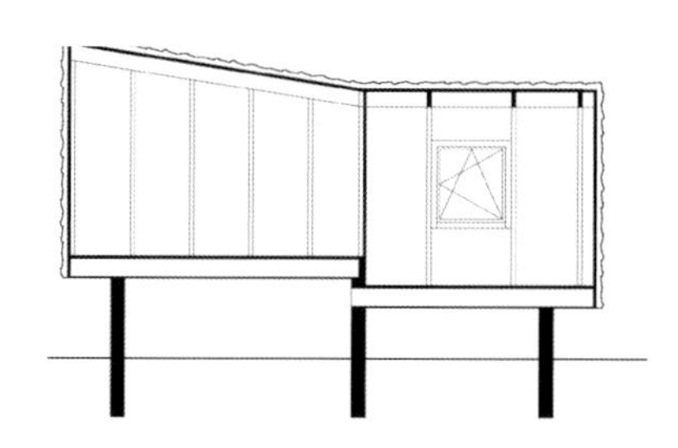

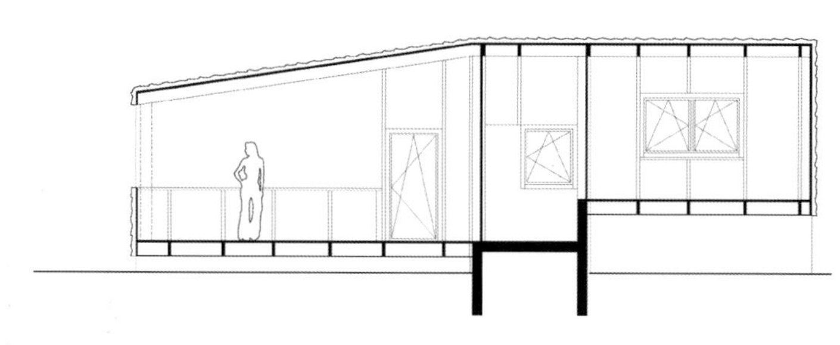

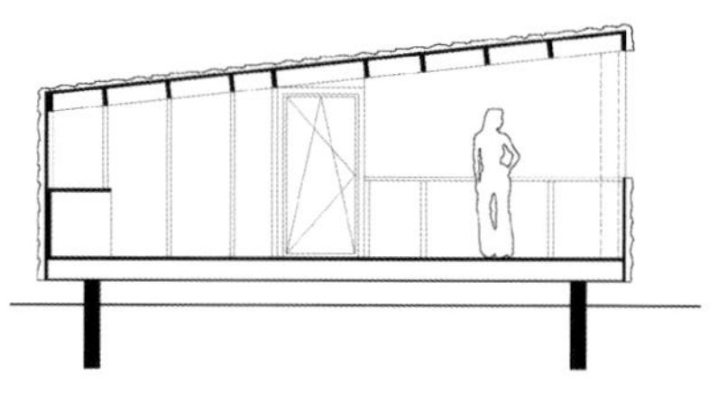

纵向剖面

横向剖面

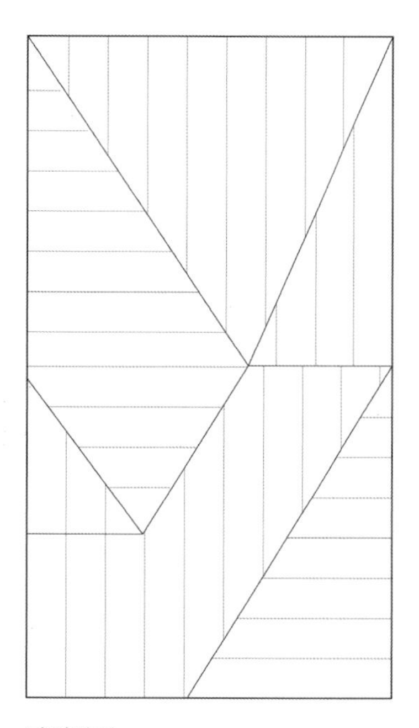

1. 入口
2. 客厅
3. 厨房
4. 浴室
5. 卧室

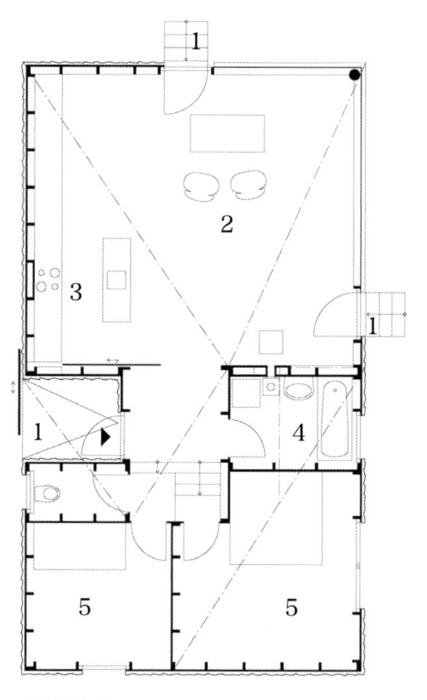

屋顶平面

首层平面

服务设施的核心区域建立在坚实的下层结构上，包括了厨房、起居室，还有旁边的卧室。起居室和卧室的两个区域是由木头制成，并且由高度略有不同的纵向墙体支撑。房屋采用了廉价的隔热方式，在墙壁和屋顶上由 0.08～0.12in（2～3mm）的聚苯乙烯泡沫层组成外表面，同时提供了预防紫外线的保护。内饰的主要特点是在木门、面板以及屋顶横梁上采用了胶合板封面。木柱子之间的木构架被整合到卧室的结构中并合理利用。

皮肤

这个临时展馆建于 2005 年，融合了挪威四大博物馆：国家美术馆，装饰艺术与设计博物馆，挪威建筑博物馆和当代艺术博物馆。“青蛙之吻”是第一个探索建筑、艺术、设计等多学科审美与转型的联合项目。尽管之前从来没有这么做过，建筑团队仍然希望将这三个领域合并成一个整体，并提出了一个使用充气式建筑的创新概念。设计灵感来源于广为流传的童话中的青蛙，包括它的形态、皮肤和颜色。故事中的青蛙王子激起了人们无限的遐想。这个项目是以童话故事为基础的：一个被下咒的王子变成了青蛙，之后得到了一位公主的吻恢复了原本的模样，最后两人幸福地生活在一起。充气展馆连接了旧的国家美术馆和新的博览艺术馆，建筑高度为49ft(15m)，总建筑面积为21582ft^2(2005m^2)，为过去和现在之间提供了过渡。有机建筑造型体现了转型的概念，同时唤起了各种艺术学科之间的关系，质疑了建筑、设计、视觉艺术和大众文化的界限。

总平面

建设单位
国家艺术、建筑和设计博物馆

项目类型
临时展馆

位置
Tullinløkka，奥斯陆，挪威

总建筑面积
13347ft^2（1240m^2）

竣工日期
2005 年

摄影
艾克里，马丁桑德斯斯库尔斯塔德

Tullinløkka，奥斯陆，挪威

青蛙之吻！艺术转型

MMW 设计事务所

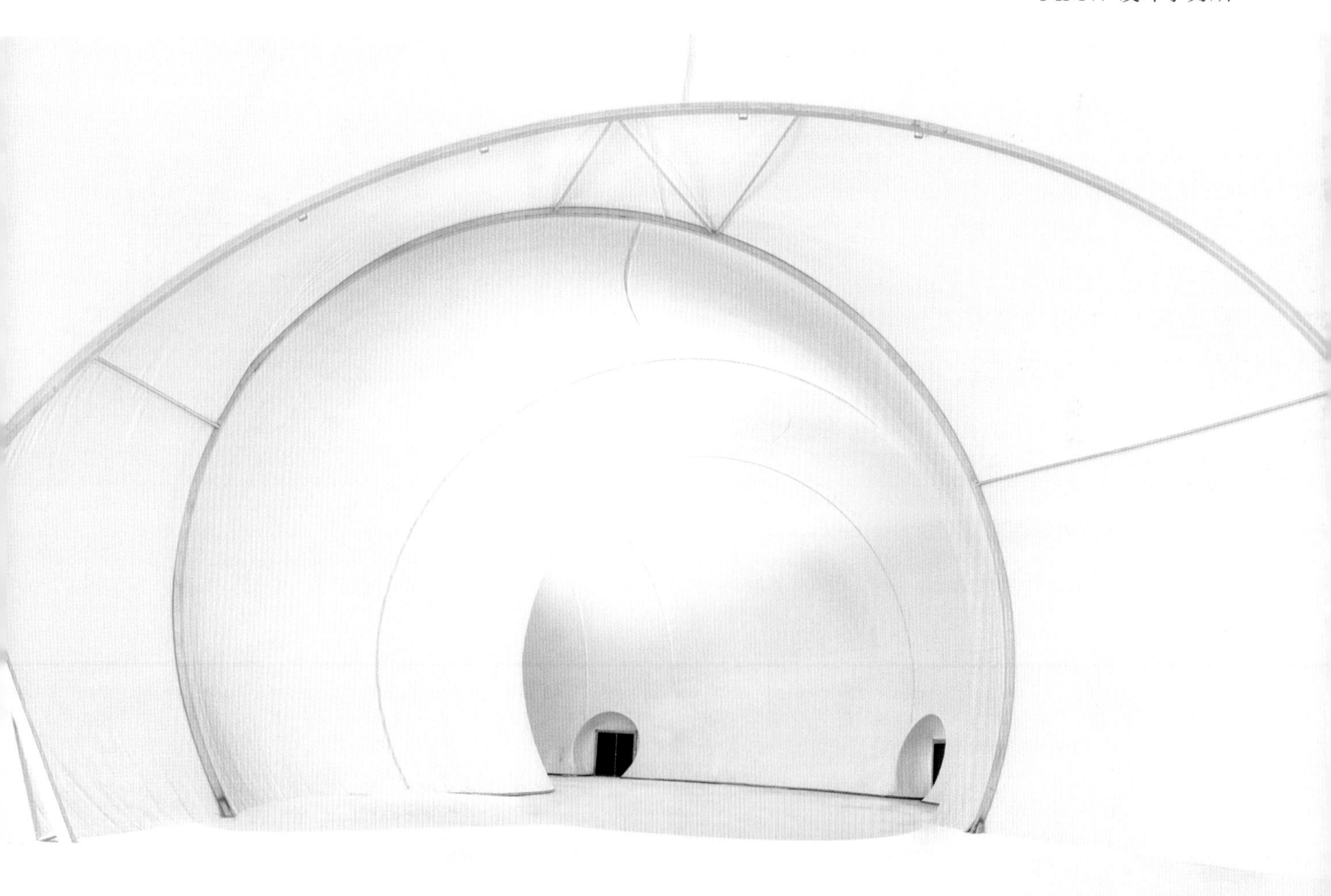

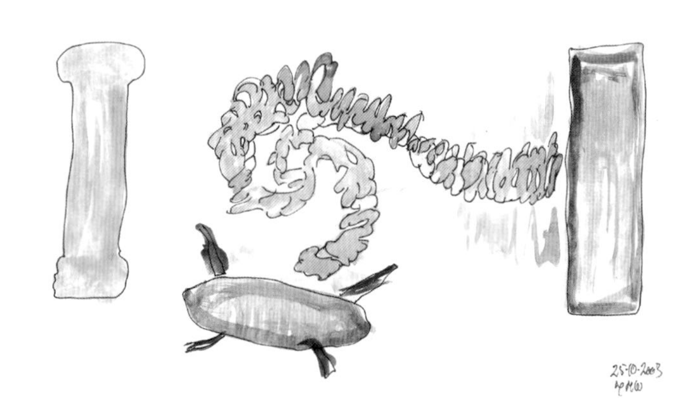

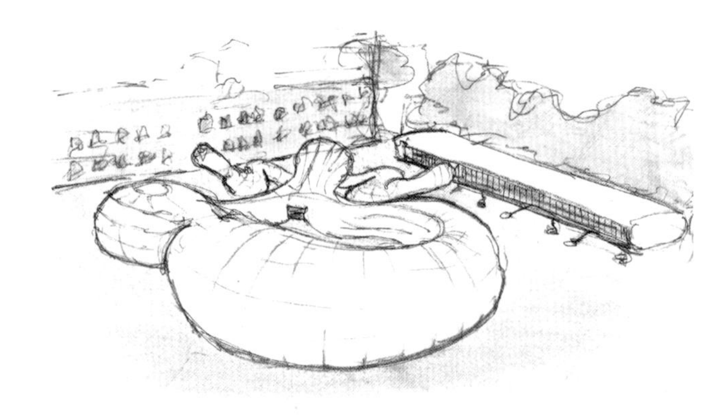

初步草图

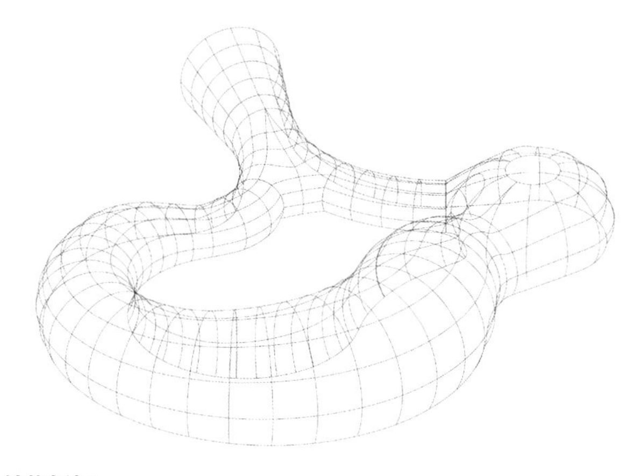

结构框架

展馆最大的空间有七个出入口——一个主入口和六个紧急出口，出入口依据童话故事的剧情发展分布在具有曲线形态的展馆内。展馆的结构依据充气轮胎的原理——通过增加内部压力的外部膜来支撑整体结构。巨大的加压送风系统为室内提供持续的新鲜空气，并保持结构的稳定。绿色的膜是一个有 PVC 保护的防火层。外墙从地面延伸出来，呈凹形，内部被涂成白色，保证了整个结构内部任何位置都可以满足投影需求，这为临时展览提供了 656ft（200m）展览空间。

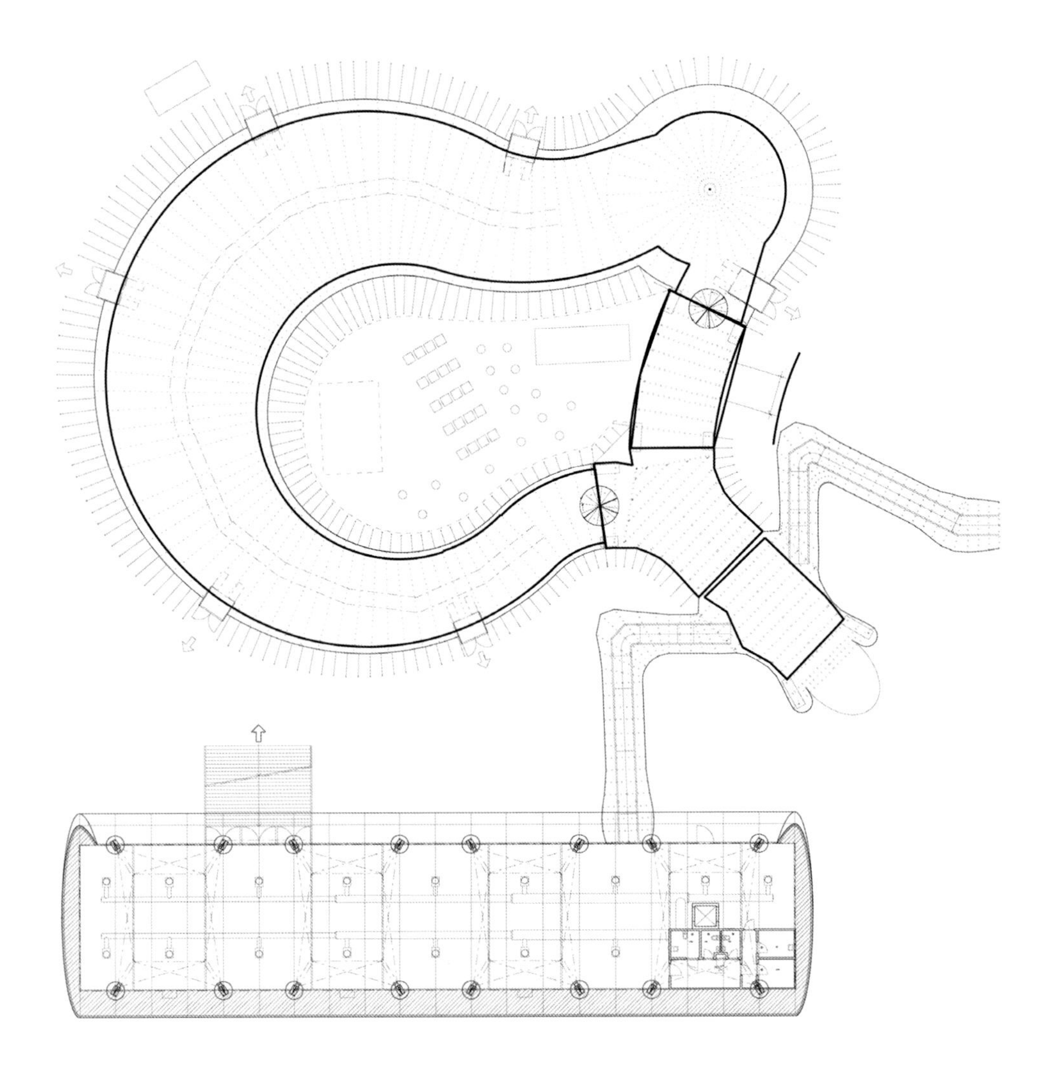

平面

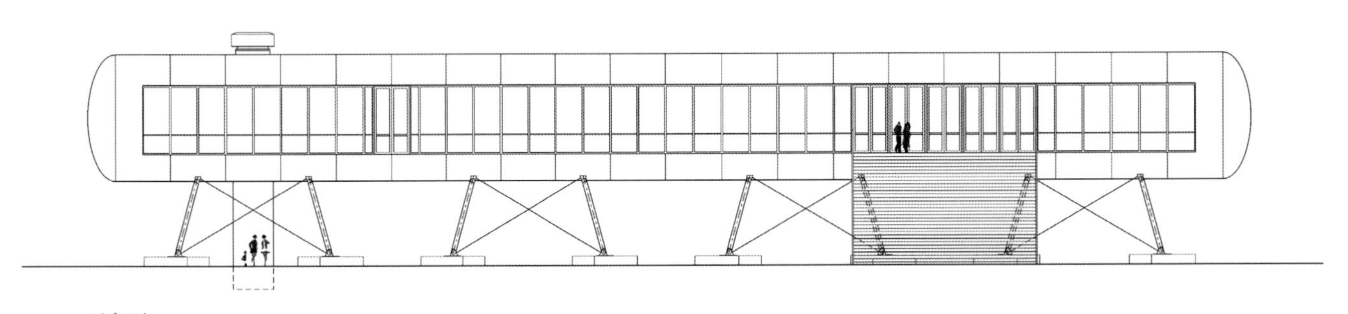

正立面

室内白色圆形的表面创造了无限的视觉效果，为各种类型的展览营造出完美的环境。

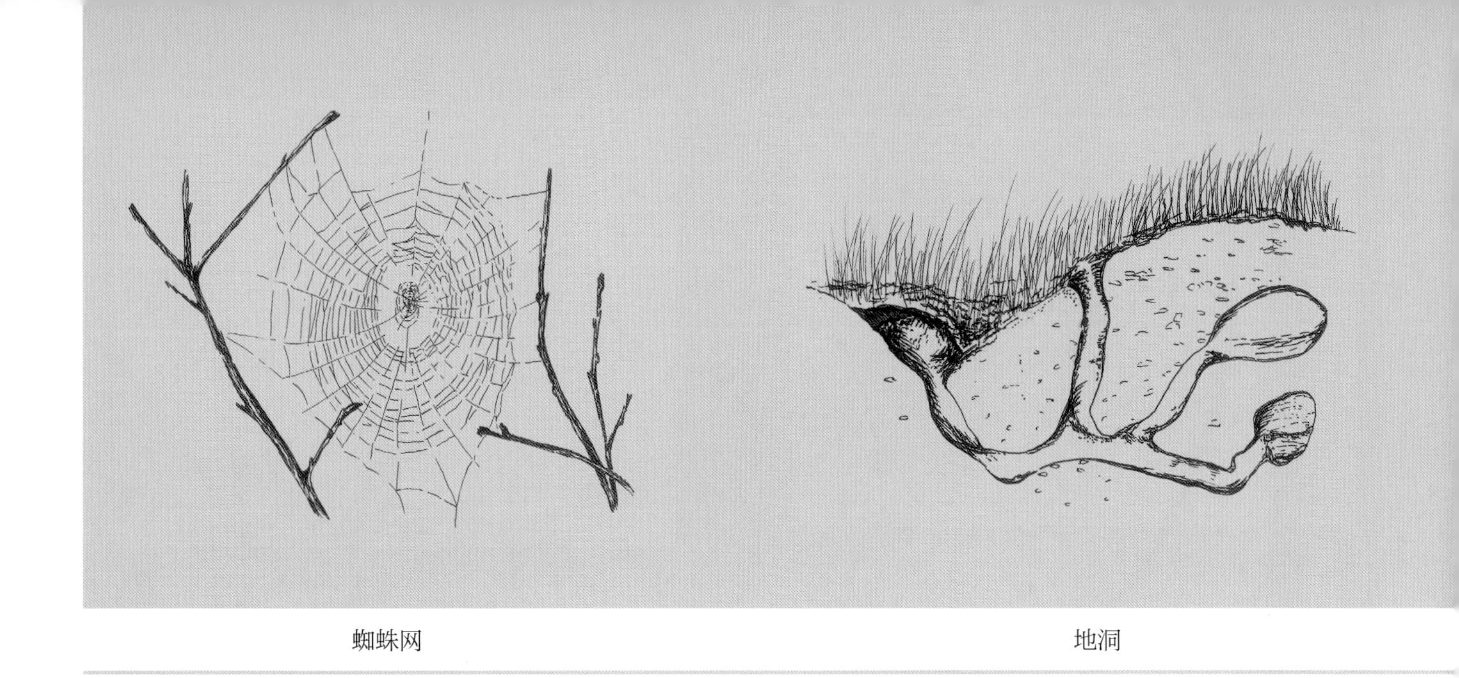

蜘蛛网　　　　地洞

动物建造结构的启示

一些动物呈现的行为特点和身体结构都特别适用于建筑结构，还有少数的动物会通过分泌一些物质形成自己的建筑材料，例如昆虫的蜡和丝，以及鸟的唾液。许多物种都能将他们的建造技能代代相传，比如大多数动物是通过遗传信息传承技能的，人类则是通过文化信息传承的。正是这种传承赋予了人类无穷的想象和创新能力，使得我们的建造成果具有了复杂性和丰富性。以下提出的仿生建筑凸显了其朴素而纯粹的经济手段以及可持续发展和独创性的特征，这是基于每个生命周期，师徒传承过程中反复试验并改进错误的产物。尽管许多这样的结构以其简单和质朴而闻名，但人们往往惊讶于它们的复杂性或美感。

蜘蛛网除了它们的抗拉能力（线的强度可以是相同厚度钢丝的五倍）以及它们的灵活性（蜘蛛产生的丝线可以被拉伸其原始长度的三分之一而不断裂）还展现出其惊人的多功能性。蜘蛛编织网用来捕捉猎物，还可以成为其地面巢穴的入口，蜘蛛网可以借助风力移动，可以形成茧保护它们的卵，甚至为它们寻求潜在的伴侣提供机会。水蜘蛛结的网有一点变异，它在水生植物之间编织形态似钟形的网，之后用气泡填满。为了达到这个目的，蜘蛛数次往返地面，借助其腿之间的海绵毛捕捉气泡。随着储存空气用尽，蜘蛛会定期返回地面重新携带空气。

从岩石，木材或者土壤里挖掘出来的建筑虽不优雅，但同样富有神秘感。鼹鼠是画廊建筑的引领者。鼹鼠的洞穴通过地表上的土堆暗示它们的存在，围绕着入口排列着隧道则体现了它们复杂的内部结构特征。同心圆画廊分布在不同的层面上，通过不同长度的通道互通（其中一些是死胡同）。总长度约 49ft（15m) 的画廊被分别标识为休息室、绕行通道、紧急出口等空间。

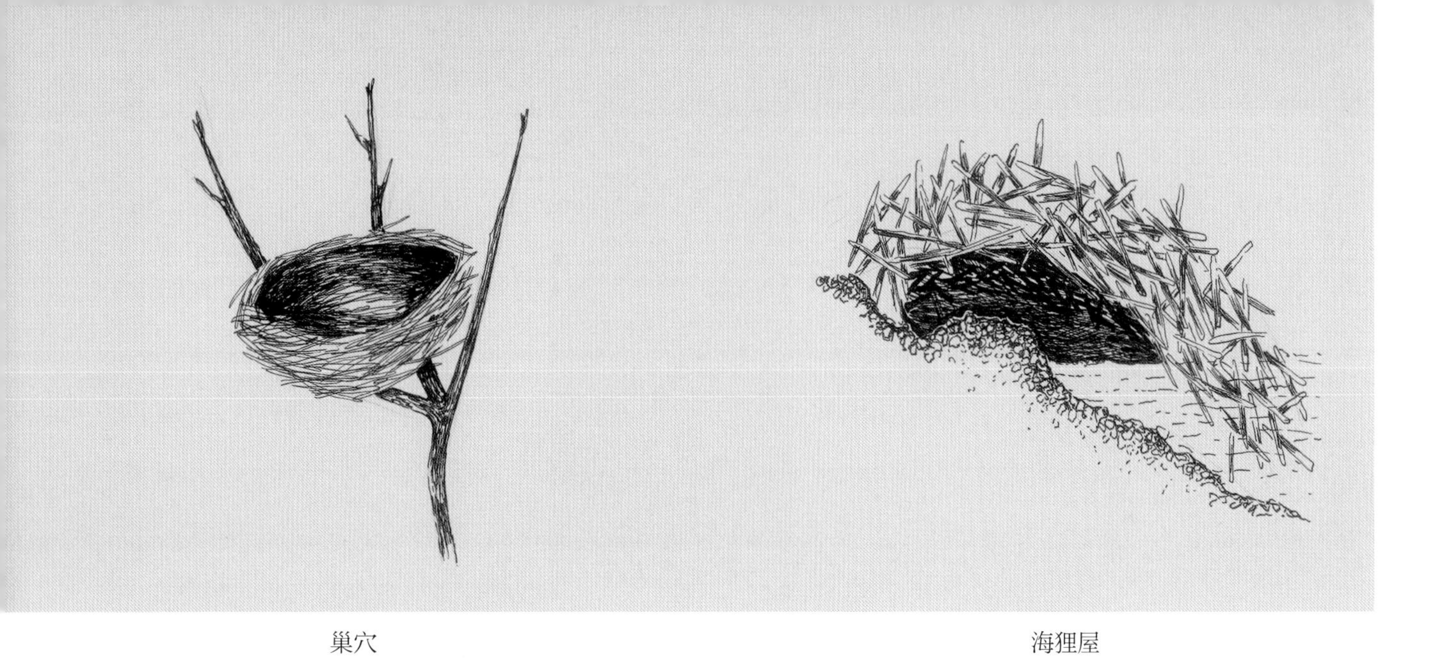

巢穴　　　　海狸屋

繁殖室位于各个隧道的十字路口，以便发生危险时逃生。对于一些生活在地下的动物而言，空气更新就显得至关重要了。草原犬就是一个例子，啮齿动物为了更新空气在洞穴设置了两个口，用于通风。入口处由土堆成漏斗形式，避免大雨造成洞穴内洪灾，也为其提供了一个观测点。

巢穴的大小形状各不相同。攀雀的吊巢就像一个用树枝、动物纤维、蜘蛛网蓬松的种子或者其他材料建成的蛋或袋子。 一个重要的细节：这个巢穴有两个入口通道，最大的那个是假的，它仅仅是为了欺骗敌人，而小的不显眼的那个才是真正的入口。

燕子筑巢时，使用自己粘稠的唾液，等唾液干燥变硬就成了有效的胶水。

褐雨燕的唾液腺非常活跃，它们的分泌物足够建造自己的巢穴（远东制造燕窝汤时受到高度重视）。

一些类型的树蛙（雨蛙）在河边筑巢产卵。为此，雄蛙在一个特定的地方擦去泥土并形成一块洼地，接着用鼻子吸出更多的泥浆加深深度，再踩踏出开口并形成高达 2.7in（7cm）的墙壁。

我们无法忽视的还有海狸，它们建造了带门的房屋，巧妙地形成了安全系统并在水下开放。这些门作用于画廊，形成了宽敞的房间、平坦的地板、地板还覆盖了苔藓和干草，与外部贯通的孔洞使空气渗透进内部，使海狸呼吸到新鲜空气。为了屏蔽画廊入口，海狸常常用树干和树枝建造名副其实的提防，从而形成一个完全隐藏于主入口的游泳池。

巢穴

西尔伯湖是位于霍克海姆北郊的一个自然保护区，位于威斯巴登和法兰克福之间，这里是大量的鸟类和动物的栖息地。鸟类天文台是园区内影响深远项目的一部分，因其形状而被称为“鸟巢”。项目介入的目的是为了让参观者和观鸟者在享受自然环境的同时又不对动物产生干扰。由于禁止进入公园生态系统，在此情况下，建造一个观测站“鸟巢”既可以为游客提供观察生态系统的场地，又不会直接接触到它。“鸟巢”被认为是公园景观和生态系统的一个组成部分，它与保护区内的景观和谐共筑，“鸟巢”是莱茵兰景观的复制，因此天文台与自然保护区其他景观相比还是比较自然的。

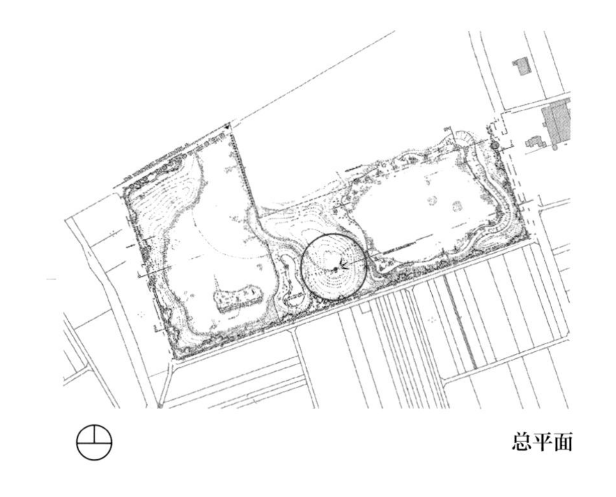
总平面

建设单位
莱茵曼公司地区公园

项目类型
自然保护区天文台展馆

位置
霍尔海姆，德国

总建筑面积
215ft²（20m²）

竣工日期
2001 年

摄影
艾肯 迈克
www.eickenundmack.de

霍尔海姆，德国

沃格热内斯天文台

弗雷建筑师事务所

初步草图

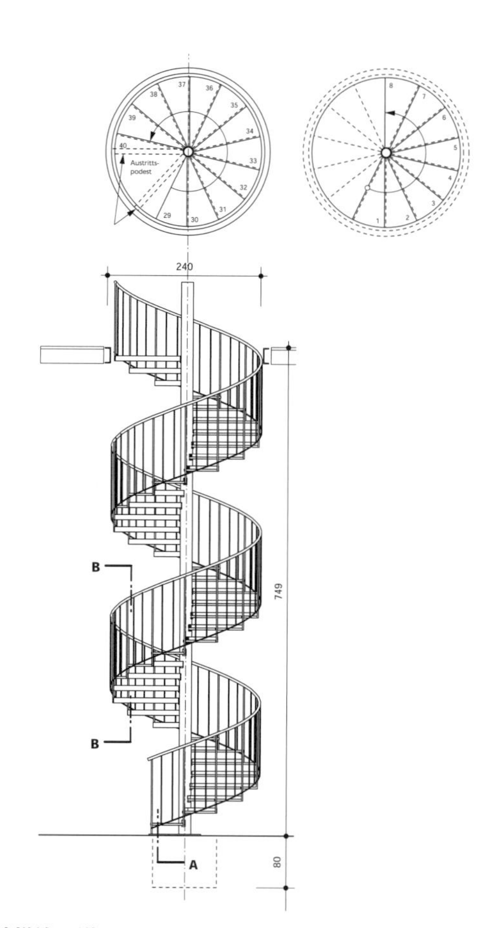
37
36
38
35
39
34
40
Austritts-
podest
33
32
29
30
31
8
7
6
5
4
3
2
1
240
749
80
B
B
A

楼梯施工详图

观测台在距地面 25ft（7.5m）高处，由 8 根层压贴面木材支撑，木材的直径从 22ft 到 28ft（6.8 ~ 8.5m）不等，围绕着观测平台以不同高度和角度进行支撑。支撑木材设置在两条平行带上，每条带上有四个叉形钢支点，钢支点有一定的角度，使得木材产生偏移，在其顶部固定住木质的天文台。该平台直径 20ft（6m），由钢楼梯进行联系。巢穴天文台的高度使游客能够欣赏到整个公园的全景，当他们爬楼梯的同时还可以通过环形支架观察到不同的景观。

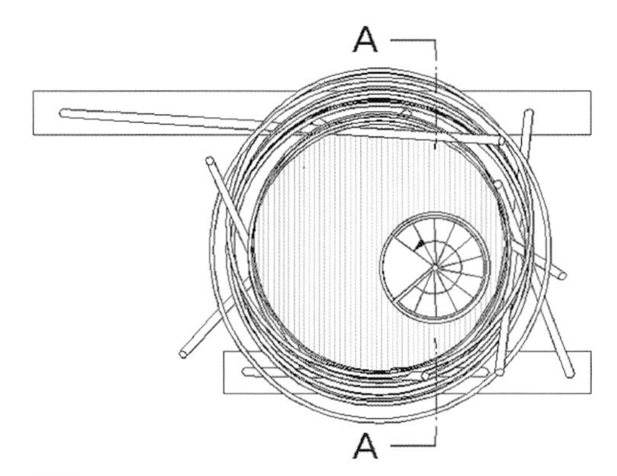

平面

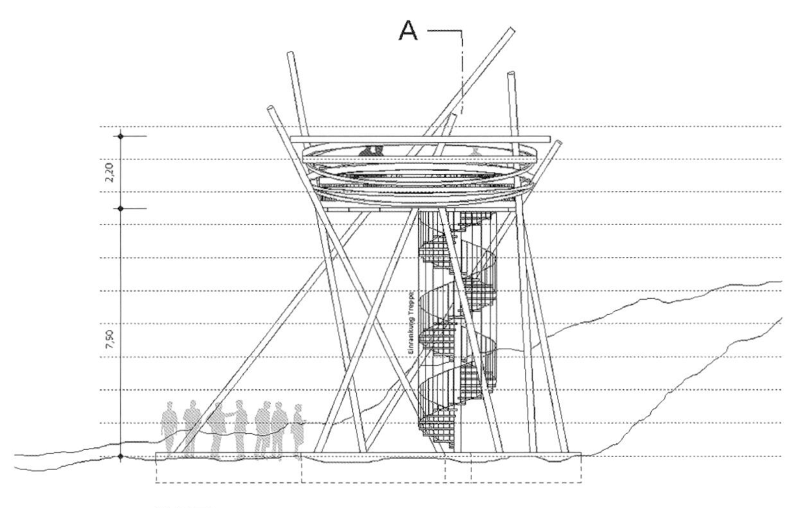

横剖面

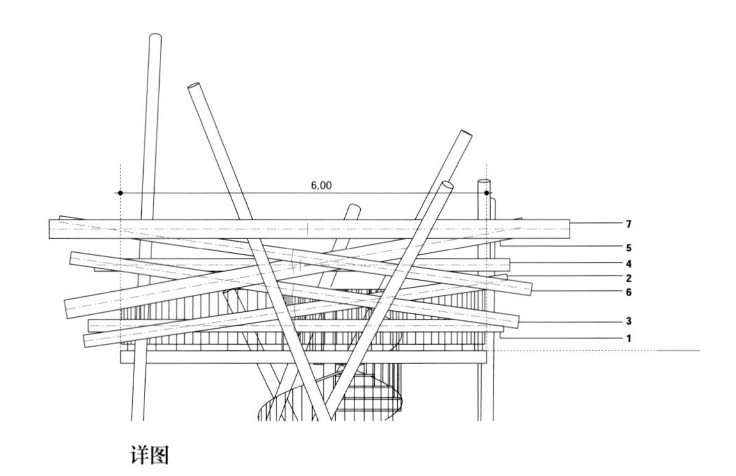

详图

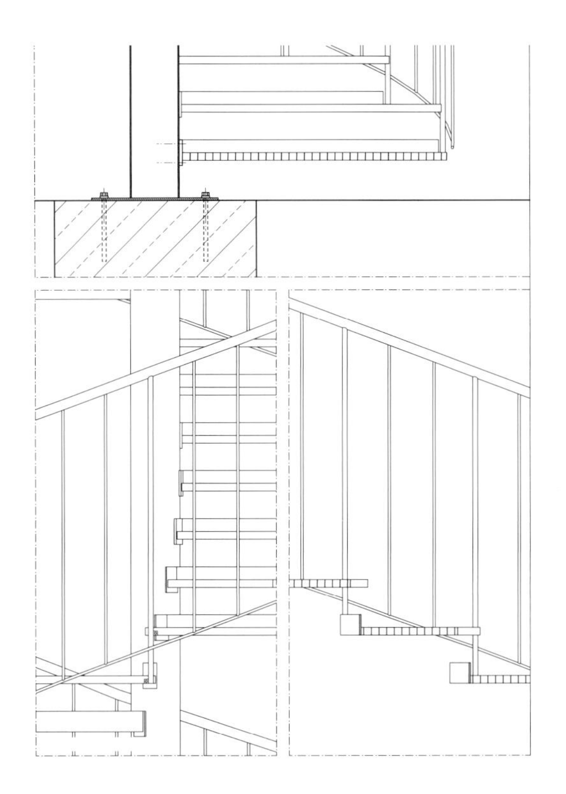

楼梯施工详图

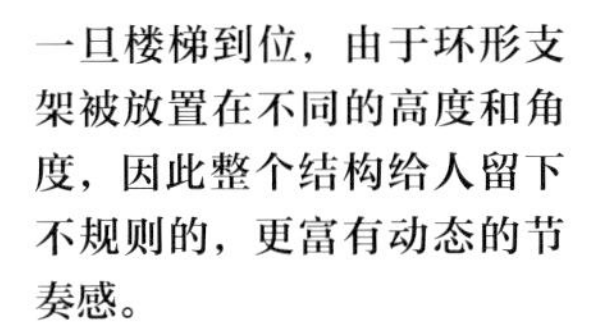

一旦楼梯到位，由于环形支架被放置在不同的高度和角度，因此整个结构给人留下不规则的，更富有动态的节奏感。

巢

这座房子的设计灵感来自于建筑师对阿肯色州童年的记忆，以及对祖父建造树屋表达的敬意。这个地方的特点是土壤干旱，因此在 60 英亩（23 公顷）的土地上很难找到能够支撑建筑结构的树。解决办法是建造一座在橡树和胡桃树之间像鸟巢一样的房屋，房屋能将树木之间的空间联系起来，形成互锁的效果。这个概念在建筑的下半部分体现很明显，白橡木的框架过滤和反射光线，同时也作为房屋的支撑结构。从正面看，框架像一个半透明的底座，承受着上部结构的重量。当人们在建筑物周围散步时，框架内空间似乎又与地面联系起来，并伴随建筑不断升高，与东边钢板结构形成鲜明对比。

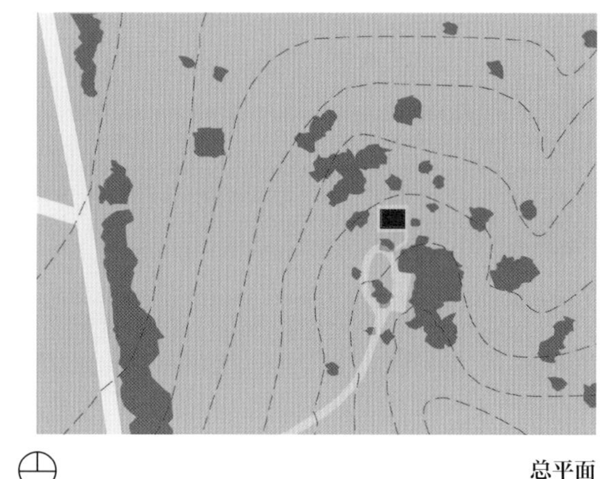
总平面

建设单位
詹姆斯基南

项目类型
塔楼

位置
费耶特维尔，阿肯色州

面积
269ft^2（25m^2）

竣工日期
2000 年

摄影
提姆・胡斯利

阿肯色州，费耶特维尔，美国

基南塔

马龙布莱科威尔

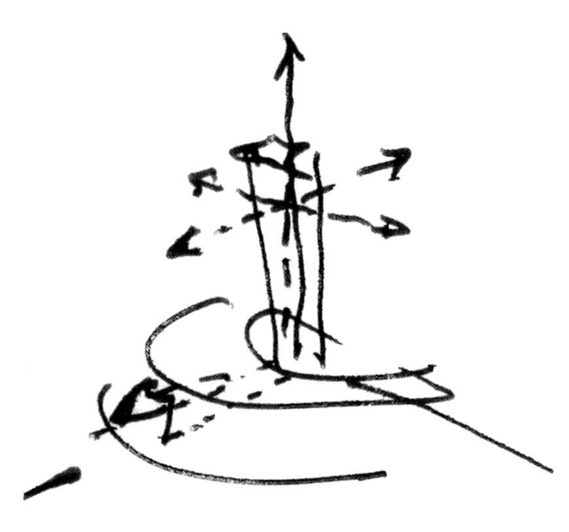

初步草图

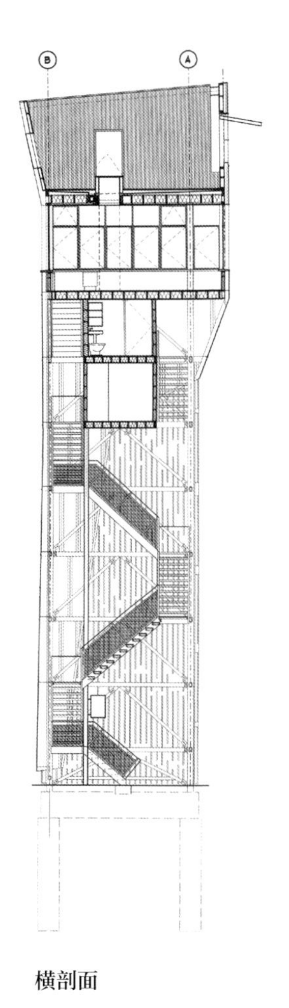

横剖面

这座建筑所在的土地被鹅卵石所覆盖，在通往房子楼梯井的路面上散落着核桃壳，人们踩在上面发出了不同的声响。这栋房子功能简单：有一个内部空间，透过这里的磨砂玻璃可以有良好宽阔的视野，而突出屋顶的室外区域，将地面和天空联系起来。建筑与环境有着直接的联系，建筑的位置很好，它面向四个方位，因此可以欣赏到太阳和月球周期以及季节的变化。

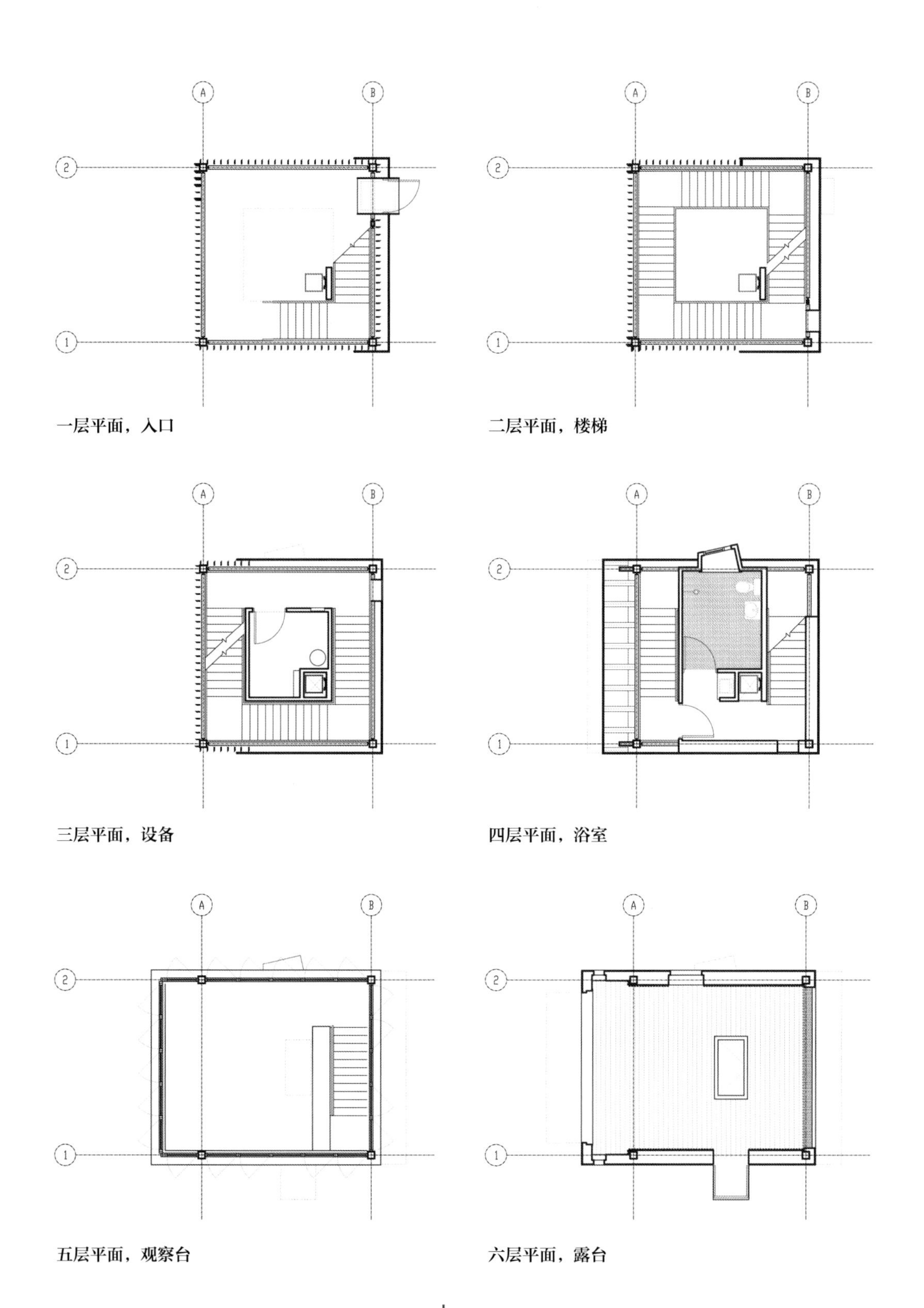
A
B
2
1
一层平面，入口
二层平面，楼梯
三层平面，设备
四层平面，浴室
五层平面，观察台
六层平面，露台

蜘蛛网

浮岛是一个复杂的结构，它是为格拉茨事件而设计的，这个事件指的是奥地利被命名为联合国教科文组织 2003 年欧洲文化首都之一。该项目最初被设定为一个临时性建筑，这里是组织各种活动，碰撞各种文化的公共空间。如今，它已经发展成为一个永久性和象征性的地标，随着它日益流行和独特的设计，浮岛就像蜘蛛网散布河边，为城市两侧提供了一条牢固的纽带。这设计主要目标是创建一座将城市与河流连接起来的岛屿，从而为互动、探险和艺术创作提供新空间。该岛的模块化设计使其成为可以容纳 300 人的剧院、公共空间或广场，像孵化中的鸡蛋。从内部看，河流和城市呈现出新的光芒，网状结构将两者结合在一起。所有的内部活动空间通过一个螺旋通道加以联系，这与岛屿为中心的形式相呼应，两个斜坡通道将岛屿与两岸紧密联系。此项改造使浮岛成为跨越 154ft（47m）穆尔河的桥梁，也好似一座灯塔，在夜晚散发出耀眼的蓝色光芒。

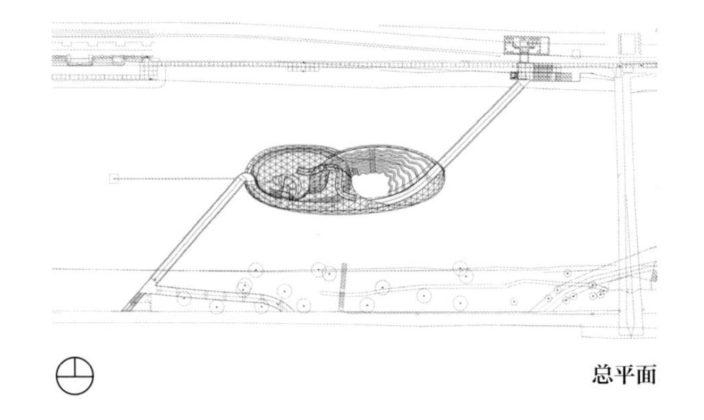
总平面

建设单位
格拉茨 2003 年

项目类型
多功能空间

位置
奥地利格拉茨

总面积
10301ft^2（957m^2）

竣工日期
2003 年

摄影
哈里希弗，埃尔维拉・克拉米格，阿肯尼工作室

格拉茨，奥地利

穆尔岛

阿孔其工作室

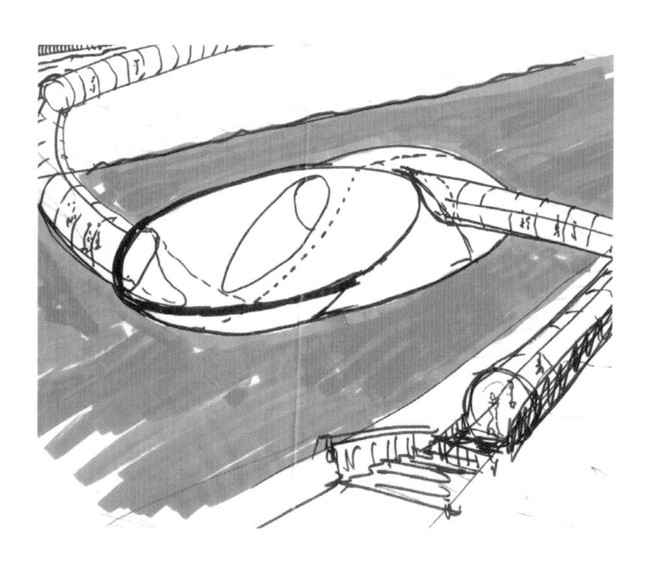

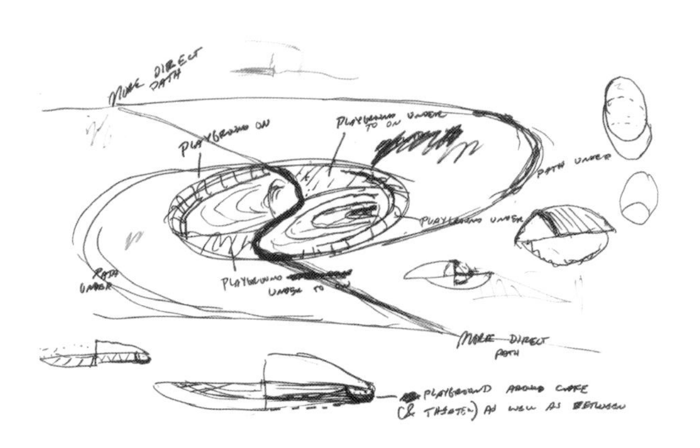
MORE DIRECT PATH
PLAYGROUND ON
PATH UNDER
PLAYGROUND UNDER
MORE DIRECT PATH

初步草图

浮岛位于玻璃和钢建造的平台上，而基座则分布在两端的码头上，浮岛是通过隐藏的电缆固定在两端的基座上的。透明材料的应用目的在于模糊建筑与水环境的边界，从而产生像气泡轻轻浮动的感觉。螺旋状的岛屿被分为两个区域，一个是无顶盖的开敞空间，一个是有顶盖的封闭空间，就像两瓣张开的贝壳。未覆盖部分可以作为广场或者剧院，依据参观者的需求，尽可能多样化地提供配置，发挥作用。覆盖玻璃顶部分有一个咖啡厅，参观者可以从下面或上面到达这里，儿童游乐场将剧院与咖啡厅很好地联系起来，在这里布置着迷宫和滑梯。

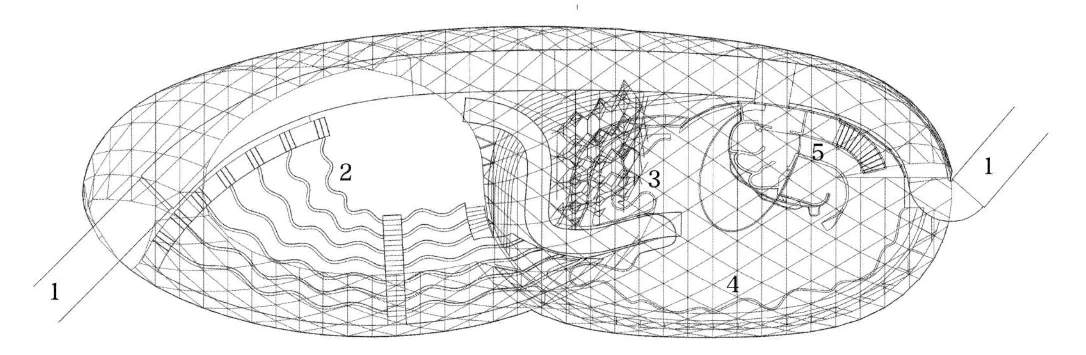

总平面

1. 入口
2. 室外剧院
3. 游乐场
4. 咖啡厅
5. 休息室

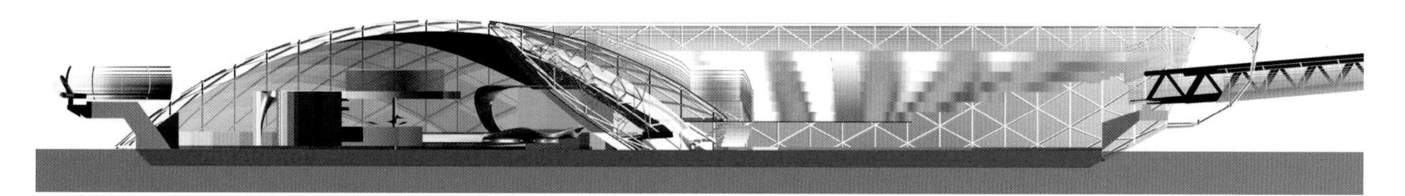

纵向剖面

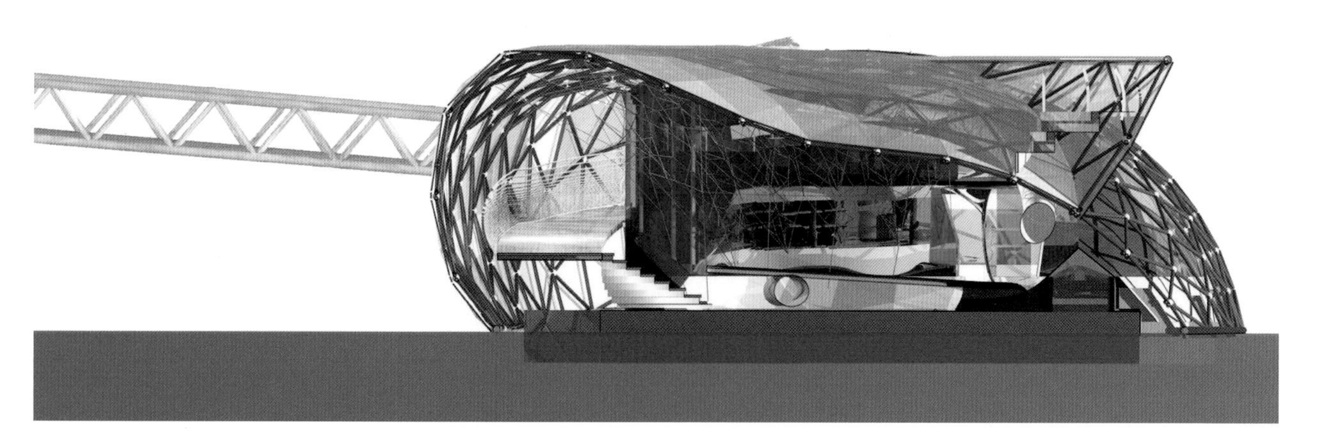

横向剖面

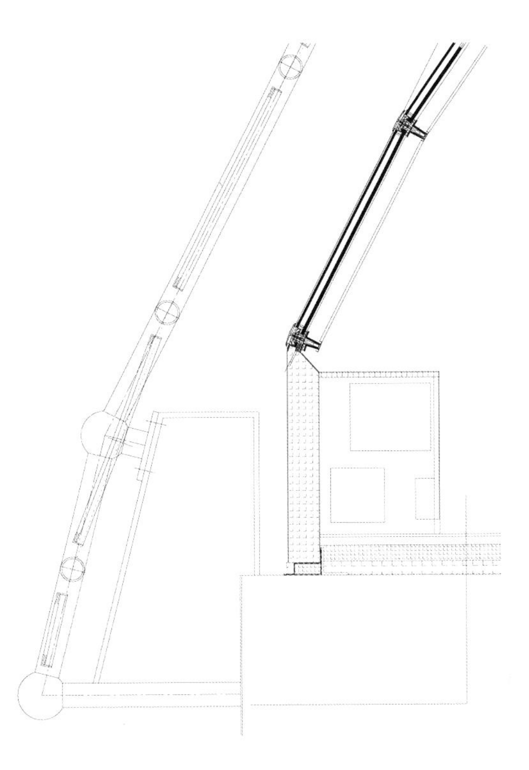

表皮节点

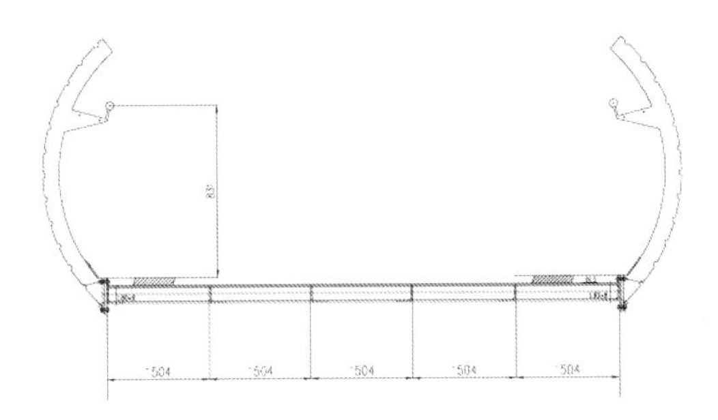

浮桥横向剖面

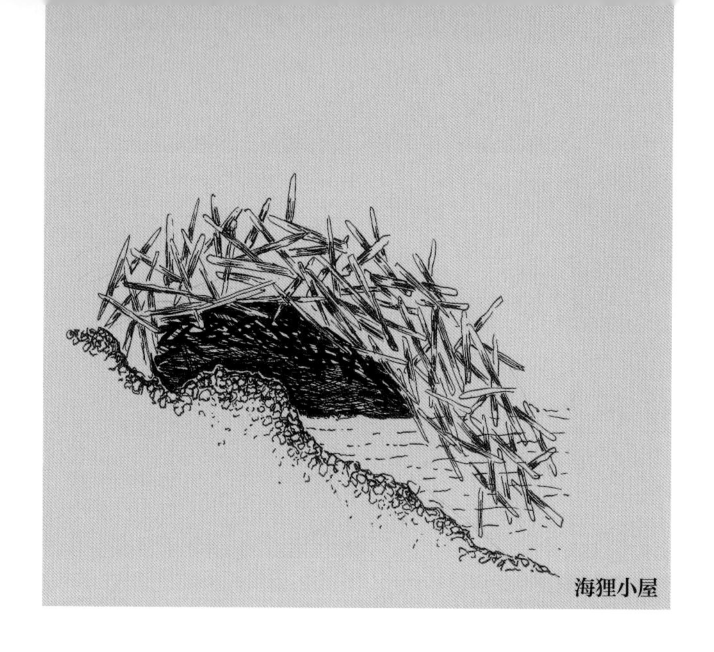

海狸小屋

1998年在瑞士的伯尔尼举办了一场比赛，因此阿尔河畔的Schwelleanmätteli餐厅变成了当地人和游客的新景点。比赛引发了一场讨论，这次讨论的内容是关于该地区的各种发展方向以及现有建筑物的翻新和保存（该地区包括一栋乡间别墅，树荫乘凉的地方以及一家水边餐厅）。另一个讨论内容围绕修建新建筑而中断河流的适宜性而展开。最后，一家建筑事务所建议沿着河狸大坝的岸线利用河流原有的屏障修建一家餐厅，设计很新颖，给人留下的印象是建筑隐藏在树木环境中，河流不受阻碍奔流不息，对周围环境没有任何影响。看起来反而像河流越过了边界。此外没有任何重要的国家建筑遗产被毁坏。最后的结果是创造了一个新的空间，在这里建筑与周边环境融为一体，游客在这里沐浴着阳光，倾听着水流声，享受着宁静。

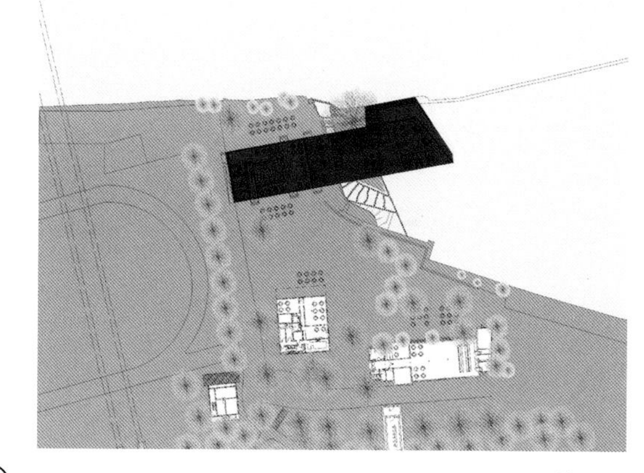

总平面

建设单位
伯尔尼市政府

项目类型
餐厅

位置
瑞士伯尔尼

总面积
2691ft^2（250m^2）

竣工日期
2004年

摄影
多米尼克·乌尔德里

伯尔尼，瑞士

河岸餐厅

马蒂和希茨设计师

平面

1. 入口
2. 厕所
3. 厨房
4. 酒吧
5. 餐厅
6. 露台
7. 户外酒吧
8. 休息区

福莱兹餐厅位于河流的上游，并延伸至其中一个岸边。从户外阳台可以从三个不同角度的观赏河流，在餐厅的座位上可欣赏美景。这个 360° 全景既包括伯尔尼市，也包括餐厅周围的自然景观，以及潺潺的水流。古老的乡间别墅是该建筑群的一部分，它为游客或各种活动的组织提供了多功能的空间。遵循海狸的战略，餐厅的建设利用了河流原有屏障的基础。地基采用混凝土，支撑采用钢材、屋顶和地板采用木材。

横向剖面

纵向剖面

横向剖面

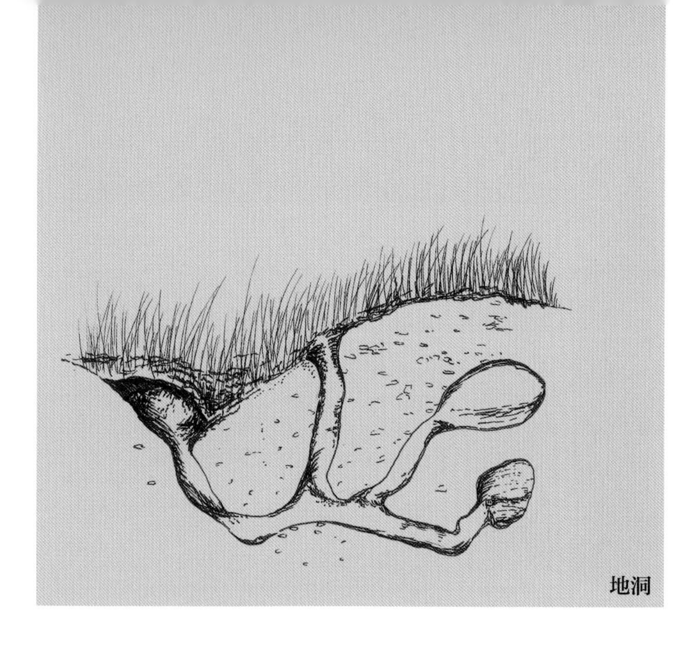

地洞

葡萄牙环境部门宣布位于莱比科市的格鲁塔达斯托雷斯洞穴，是一个天然的国家级的纪念碑，因为它具有巨大的地质价值，并且洞穴的高度达56ft（17m），宽度为3mi（5km），其规模在亚速尔群岛上也是独一无二的。洞穴于2005年向公众开放，主洞穴内新建部分为信息中心，为参观者服务。洞穴入口成了参观景点的一部分，因为屋顶瓦解形成了神秘的天然天窗，并对景观产生了强大的影响。这个天窗的保护对于建筑设计团队来说非常重要，设计者必须考虑到对项目发展至关重要的三个方面的因素：破坏行为的风险（该地区无人居住）、较低的预算，以及只在夏季参观该景点的情况。设计小组试图采用最简单形式将保护天然天窗与其结构设计结合考虑。因此这座建筑物被赋予了一种天然的波浪形式，它包括一堵6ft（1.8m）高的石墙，保护着巨大的洞穴入口。洞穴和建筑使用的两种材料都被运用在这堵墙上，尽管两者以不同的方式进行处理：一种采用砂浆处理，一种是将石头用于墙体南部的立面。这堵墙现在被联合国教科文组织列为人类景观遗产的一部分。

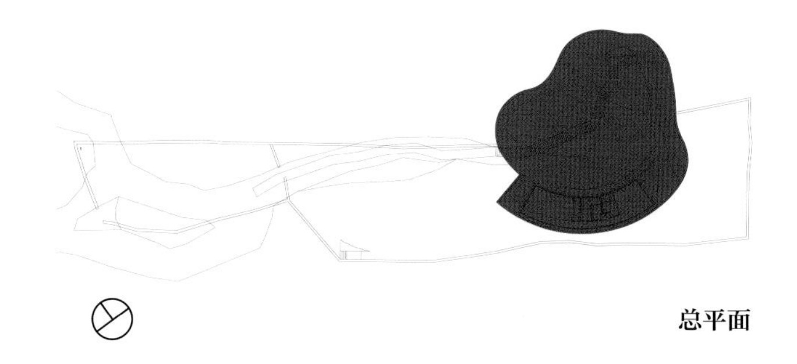

总平面

建设单位
亚速尔群岛地区政府

项目类型
信息中心

位置
莱比科市，葡萄牙

总面积
2476ft^2（230m^2）

竣工日期
2005年

摄影
费尔南多·格拉＋塞尔吉奥·格拉

莱比科市，葡萄牙

格鲁塔达斯托雷斯

萨米建筑师事务所

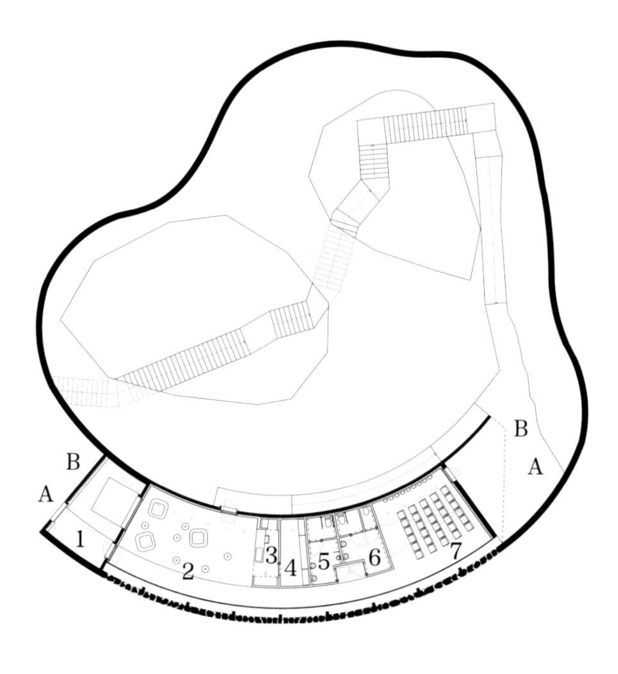

平面

1. 入口
2. 入口大堂
3. 前台
4. 储物区
5. 厕所
6. 厕所
7. 礼堂

精细切割的石块排列整齐形成墙面，使得光线能穿透整栋建筑，同时又要避免洞口过大引起破坏者的注意。除了石墙外，建筑物还要覆盖一层黑色材料，该材料模仿了洞穴最深处发现的玻璃质熔岩的质地。该建筑由钢筋混凝土建造而成，为了预防意外的震动，将其搁置在相同材料制成的沟槽上。一旦游客跨过门槛，他们就进入了一个庭院，庭院尺度从外部景观的巨大尺度过渡到了建筑内部空间的尺度。石梯标识了通往洞穴中心的道路，该道路通过了一条长达 131ft（40m）的桥梁，该桥梁成为一条捷径，否则绕行距离长达 1312in（400m）。

该建筑利用了地形轻微的自然坡度，还被周围茂密的植被所包围，从而达到建筑与景观融为一体的效果。

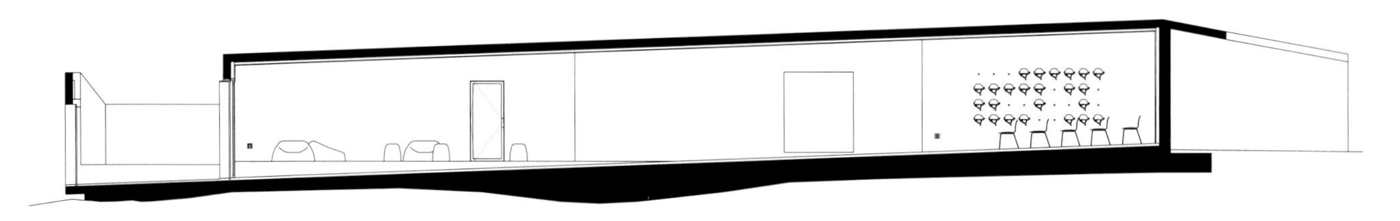

纵剖面 A

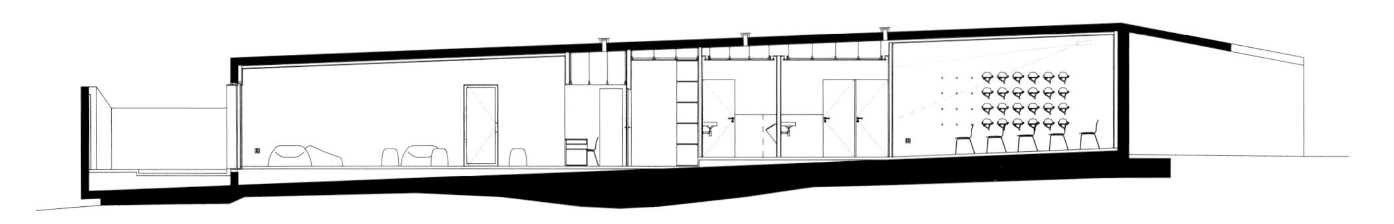

纵向剖面 B

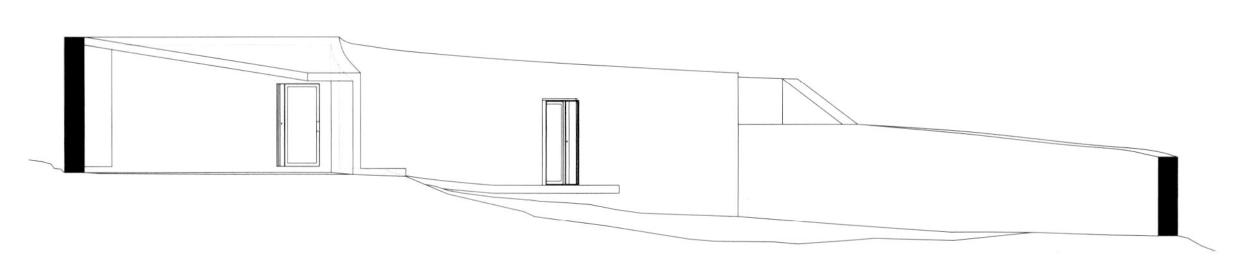

东入口

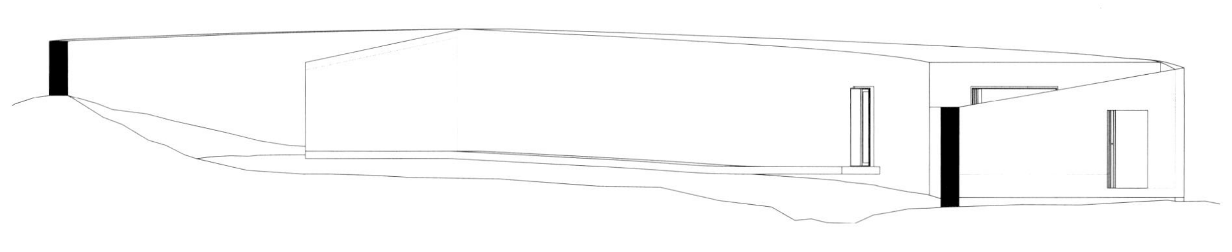

西入口

建筑内部与外部之间通过石材覆盖面建立了联系，并且在石材覆盖物上创建了各种不同尺寸的洞口。

蜂窝　　　　黄蜂巢

群居动物建造结构的启示

有机世界作为一个相对独立的简单的概念，其生活单元与现实生活并没有太多的联系。然而许多动物包括人类在内都放弃了孤立的个体生活，因为它们发现无论从资源的利用还是防御敌对环境，群体的社会生活都可以获得更大的好处。有机行业，像一些贡合金的企业，他们之间就形成了一个复杂的组织系统。这些组织中就涉及了数百万的个体，这精巧的结构网就像一些昆虫的世界。为了保证这些超级有机体的功能和效率，其成员结构必须协调完美，这样才能保证成员及时沟通（传递信息）以及有效执行。所以，在复杂的动物组织中，不仅要有蚁后和蜂王，还要有建筑的专业人士（工蜂和工蚁），由此这些动物组织产生的机构就与其他动物有着明显的不同，从社会生物学以及建设性方面引起了人们极大的兴趣。

昆虫是最出名的社会性动物，而让我们感兴趣的还有其他例子，包括珊瑚礁和一些鸟类复杂构造的社区。

蜂巢的内部由蜡质细胞或板片组成，这样既能满足幼虫生长需求又能满足储存社区食物的需求。蜡由采集植物的花蜜和花粉的工蜂分泌。当蜂王产卵时，它们负责建造新的单元。单元的大小决定了其内部生长的蜜蜂的性别和种类，因此不同大小单元的比例对于整个社区至关重要。这些单元由六个矩形片组成，这些矩形片以六角棱柱的形式排列，其底部不是简单的平面封闭，而是由构成一种扁平金字塔类型的三菱形封闭。六角形形式允许将单元分组在一起，并充分利用空间。工蜂使用树木的树脂修复蜂巢。

黄蜂巢在单元方面与蜂巢类似，但材料或形状不同。黄蜂将它们的唾液与一种植物纤维混合，制成板来筑巢，这种材料可以保持蜂巢内部恒定的温度。黄蜂巢的长度可达 20in（50cm），由朝下的细胞分层排列而

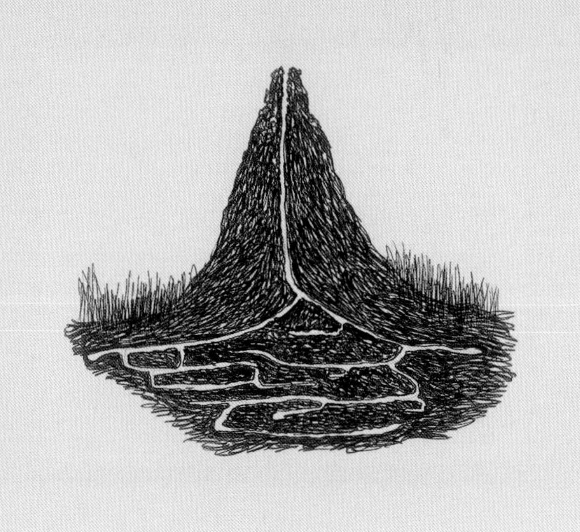
白蚁巢

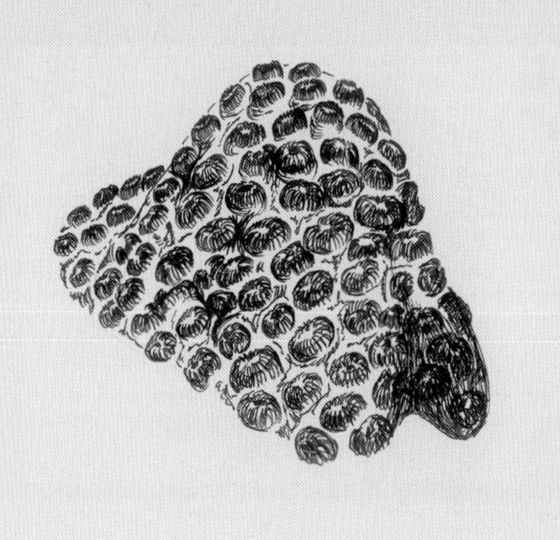
卡拉尔

成。随着细胞数量的增加，它们逐层填充空间，不需要再扩大蜂巢周围的板状覆盖物，该覆盖物通常粘在墙壁或树枝上。

与蜂巢或黄蜂巢相比，蚂蚁的巢穴似乎显得混乱，没有规律，大量的房间通过复杂的通道连接在一起，这些通道没有任何明显的规律，包括幼虫、卵、幼蚁以及食物。蚂蚁忙忙碌碌的活动看似没有遵循任何逻辑，但事实上它是受一个复杂而精细的组织来调整的，这个组织是基于个人自由为基础，对社区有崇高的责任感。这解释了外显的无政府状态实际上是个体能动性的总和。

威廉在他的作品白蚁中比较了白蚁在建造巢穴时与人类建造建筑时所做的努力。如果按照白蚁巢与白蚁的身体比例，将一栋建筑物参照一个男人的身体比例计算，这栋建筑就会飙升到马特洪峰〔14436ft（4400m）〕的高度！高达23ft（7m）的土丘不仅因其高度和形状而出名，其系统地调节小气候方面的功效也令人惊叹。通过复杂的通风系统控制温度，同时对二氧化碳进行调节。巢穴建在南北轴线上，以确保在一天中最热的时候最小的表面暴露，在黎明和黄昏时最大限度地捕捉光线和热量。集水系统由长达131ft（40m）深的水道组成，该水道从潜水层提取水。

珊瑚是一种生物元素，它成组群生活在一起，这样可弥补结构缺陷。为了鼓励个体专业化，珊瑚通过肉质壁的管实现流体互通，这也构成组群的骨干，科诺萨克斯。组群组成部分建立在科诺萨克斯上，周围是几丁质的树冠、树胶囊，动物在危险情况下可以撤回。

蜂巢

蜂窝状大楼位于加利福尼亚州卡尔弗城工业中心，是一个形式新颖的办公及会议中心，它代表了三个工厂仓库的形象。业主希望在此区域建造一栋灵活的具有标识性的建筑，十年前这个区域还是洛杉矶郊区的一个无名地。建筑的两层楼被设计为开放式工作区域，该区域适应了场地的特征，这些特征由相邻的建筑物来定义。蜂窝名字指的是建筑的概念，是设计的灵感，建筑展示出分层的结构特点，每个部分看起来都是在不同时间段添加的，每部分都依据自己独立的逻辑关系添加的。然而，正如实际蜂窝的情况，每件作品都有自己特定的功能，对整体的和谐都起到至关重要的作用。周边区域被建筑分为三部分，只有建筑最外部的 35in（10m）空间是自由出入的。新建筑保留了原有的尺寸取代了旧的木结构。建筑师提出了一种独特而有效的策略，既能够以功能性的方式联系户外公共空间与建筑内部，又能够创造出雕塑的形象。

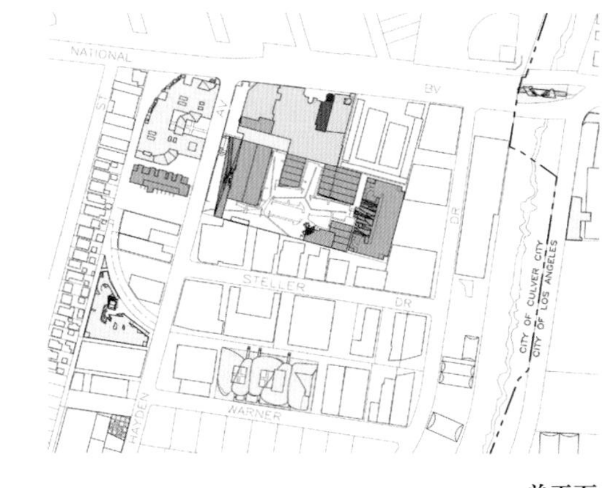

总平面

建设单位
弗雷德里克和劳里萨米塔尔史密斯

项目类型
办公会议中心

位置
加利福尼亚州卡尔弗城

总面积
9903ft^2（920m^2）

竣工日期
2001 年

摄影
汤姆博纳摄影

加利福尼亚州卡尔弗城，美国

蜂巢

艾瑞克·欧文·莫斯建筑师事务所

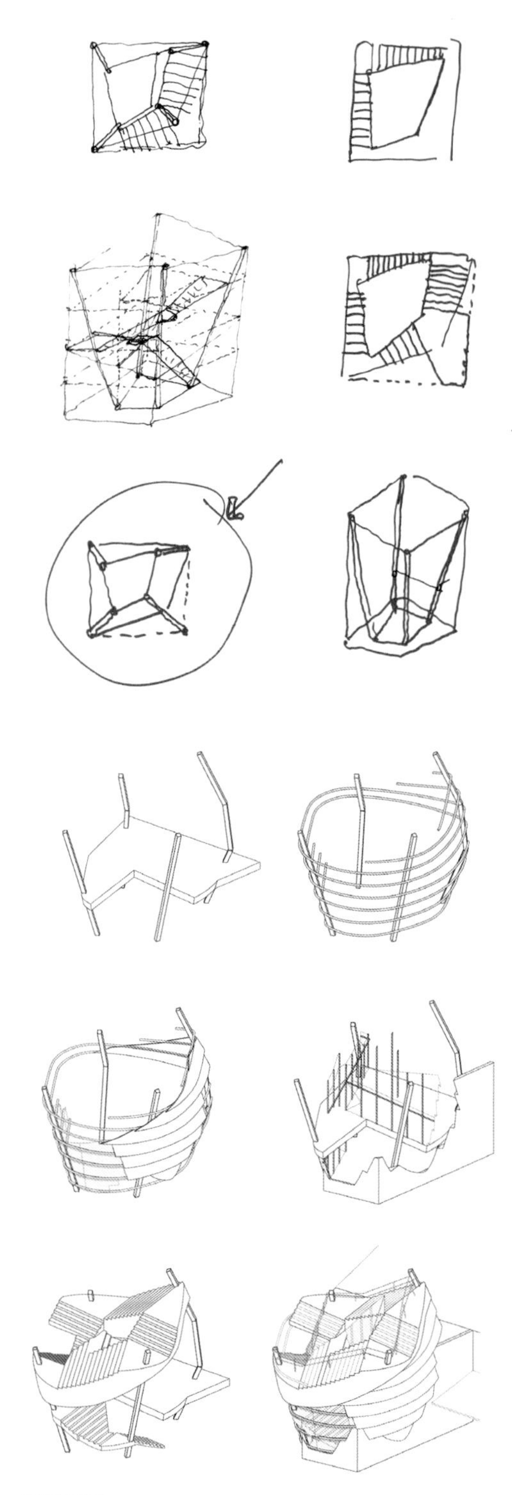

初步草图

建筑底层设置了接待处和办公室的正门。参观者一进入室内，就会看到通向一楼会议室的楼梯，另一个三角形楼梯环绕金字塔形天窗逐步升起，构成了蜂巢的屋顶。这个屋顶也可以作为非正式会议的大露台，为观看城市提供了广阔的视野。建筑物的位置确保了自然光线不仅能透过天窗和侧窗，还能够渗透到底层。其前部与两层的后部能直接相连。

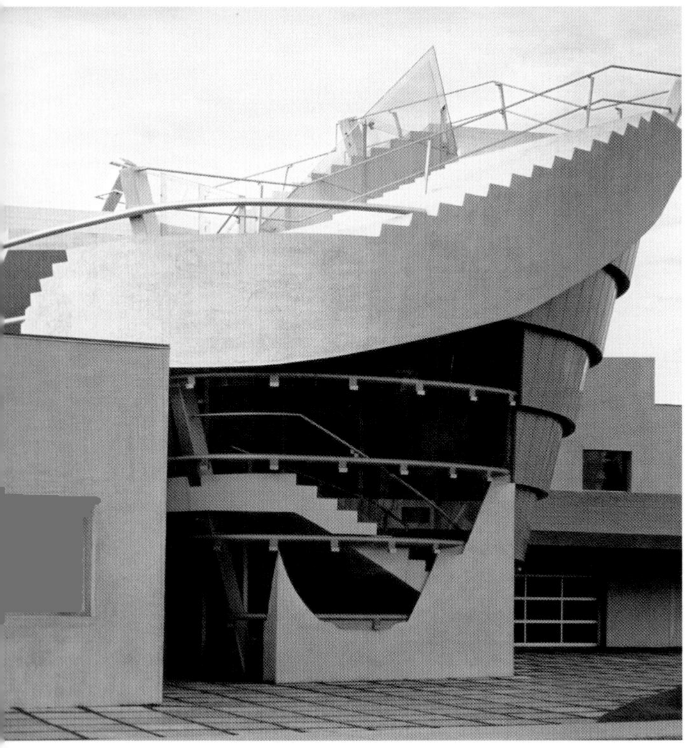

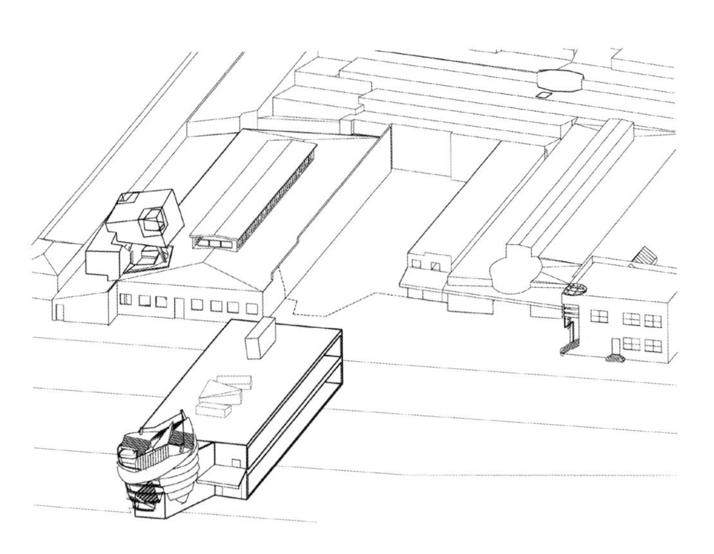

普通轴测

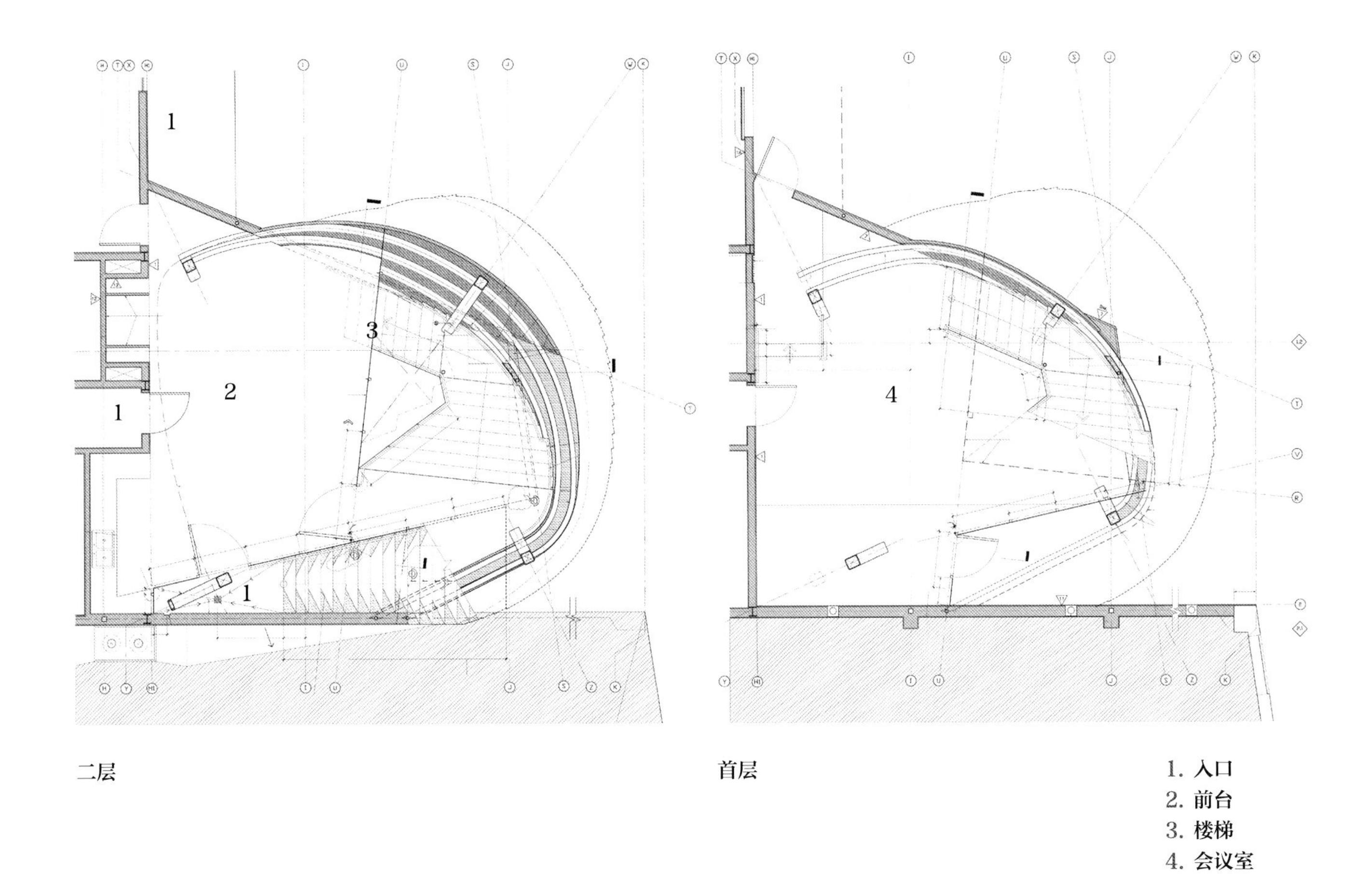

二层

首层

1. 入口
2. 前台
3. 楼梯
4. 会议室

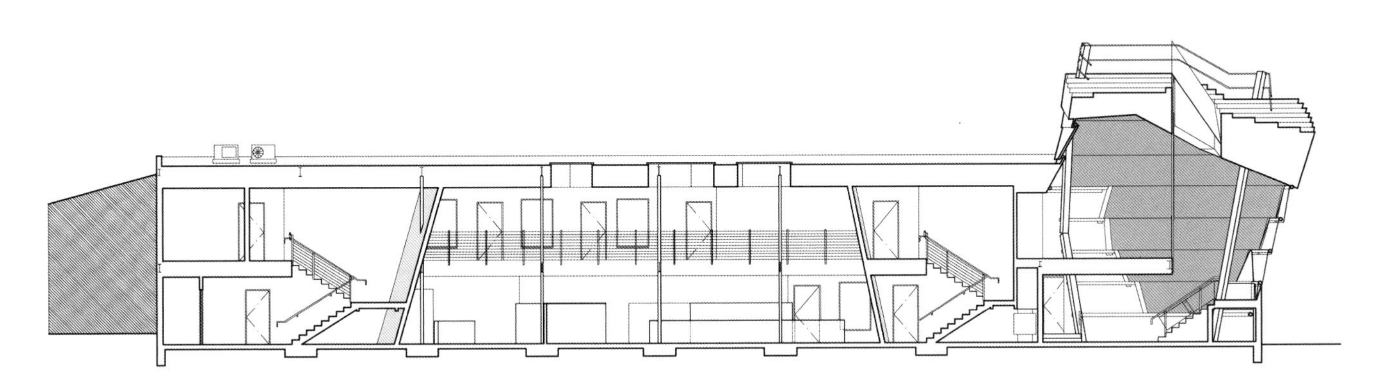

普通纵向剖面

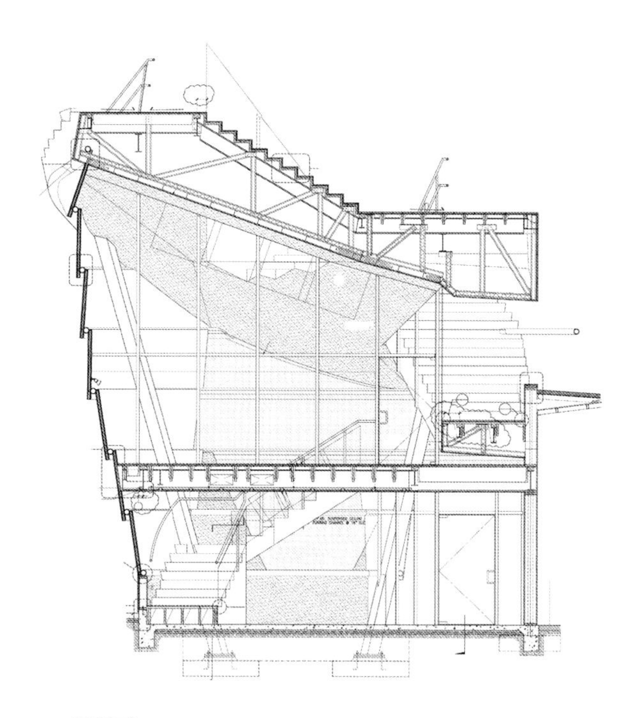

横剖面

建筑结构由四根能够相互弯曲或倾斜的钢柱支撑。一些较薄的弯曲的梁沿着建筑整个长度延伸，连接到底部的四根柱子，从而使结构体系更加连续完整。建筑物的表皮是金属玻璃平板和金属薄板墙体组成的瓦楞结构，其内部和外部表现一致。从街上看时，蜂巢及其深色的建筑创造出一种室内广场的效果。

这种延伸的神秘外观是通过双层立面包层的体积来实现的，它也用作内部空间的隔热层

蜂窝

这个项目在 2006 年斯洛文尼亚住房基金举办的一个竞赛中胜出，此次竞赛的目的是为了推广年轻家庭低收入住房的政府计划。获奖方案考虑了经济和功能两方面，更重要的是对居住空间的巧妙利用和设计的灵活性。这两个区域的面积都是 197ft×92ft（60m×28m），背靠山脉，面朝伊佐拉湾，两区域共有 30 间各种规模的公寓，从小型工作室到三间卧室的公寓。后者在建筑内部没有任何结构的元素，由此可以灵活地组织和排布功能。建筑师受到蜂巢的启发，将建筑融入环境，与地中海气候建立了密切和谐的关系，在光线和阴影之间达到了最佳的平衡——这是这类住宅的重要因素。

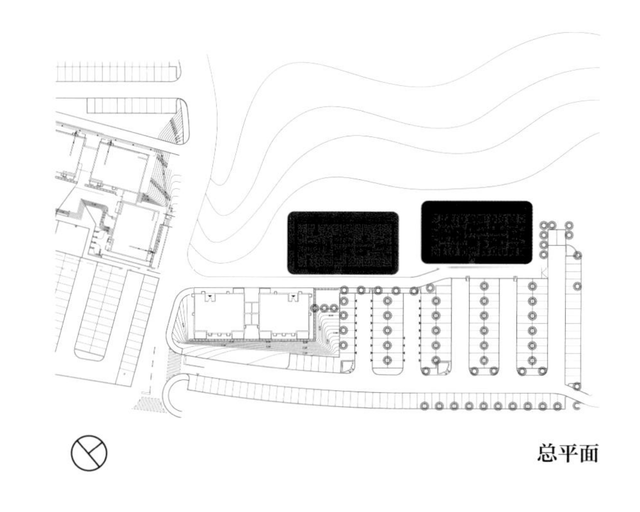
总平面

建设单位
斯洛文尼亚住房基金和伊佐拉市政厅

项目类型
公寓楼

位置
伊佐拉，斯洛文尼亚

总面积
58685ft^2（5452m^2）

竣工日期
2006 年

摄影
托马兹格雷格克

伊佐拉，斯洛文尼亚

伊佐拉公寓楼

奥菲斯

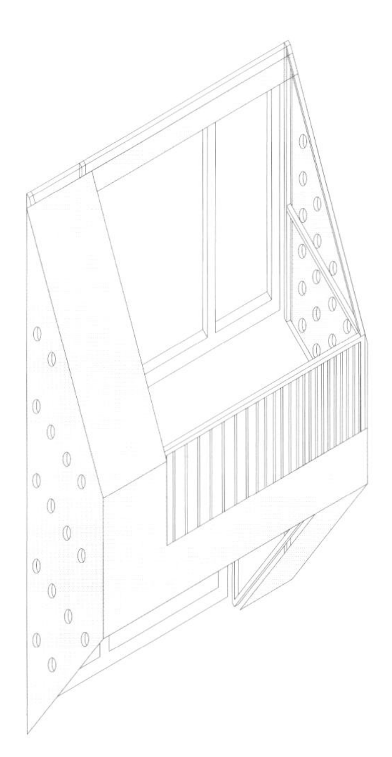

阳台轴测图

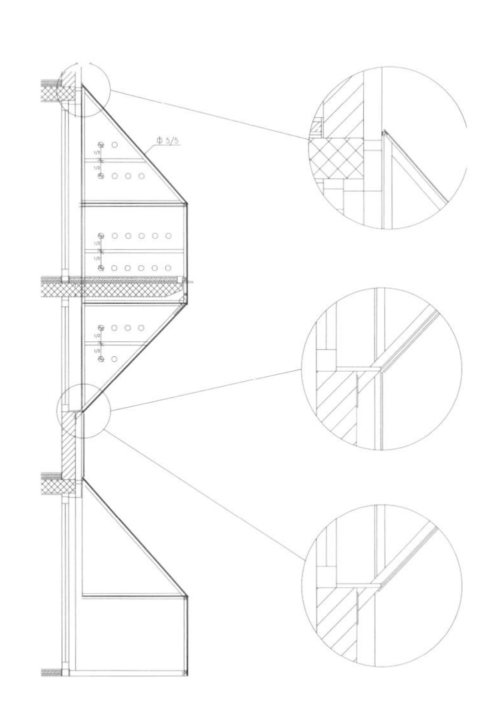

阳台大样图

公寓楼的每个房屋都配有一个连接内外的阳台，这样还可以增强自然通风和照明。覆盖阳台的透明织物营造出亲切的氛围，同时让居住者可以从室内欣赏到海湾的美景。面料形成的阴影，进一步将内部与外部连接起来，从而使房间看起来显得更大。每间公寓两侧的穿孔板可让夏日的凉风吹过整个居住空间。每个阳台的下半部分都有供空调机组使用的空间。使用强烈而明亮的色彩目的是为每间公寓营造出不同的氛围。

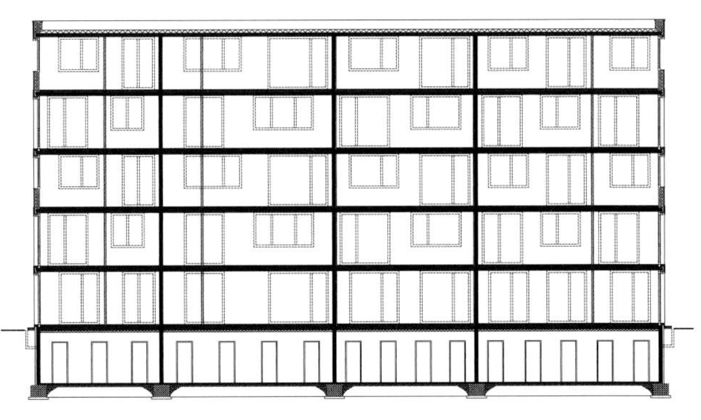

纵向切面

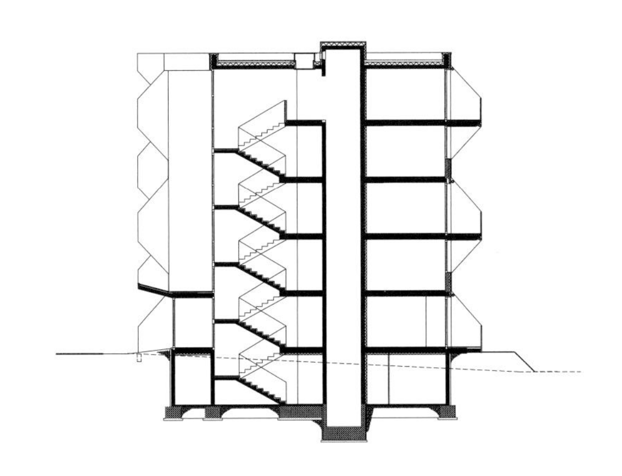

横向切面

首层

平面

南立面

北立面

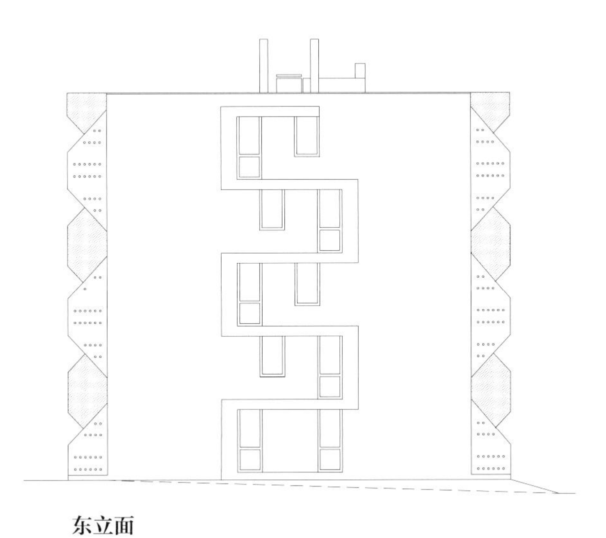

东立面

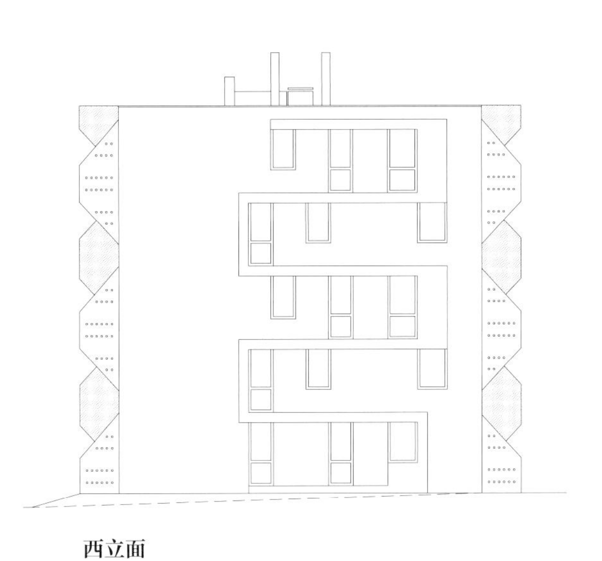

西立面

构成立面的各种元素选择的配色方案进一步强调了建筑与蜂巢的类比。

蜂窝

在北卡罗莱纳州南部喀什尔地区工作的一位养蜂人，需要新建两栋建筑来制作蜂蜜：首先是一个蜂房，用于处理和储存从蜂箱中取出的蜂蜜，其次是一个专门销售的空间，偶尔有露天的工作区。养蜂场被设想成一个单一的工作区，分为两个独立的区域，包括加工蜂蜜的钢制容器设备区，以及向公众销售产品的货架区。其独特的建筑元素是钢板和棱角玻璃墙，面向东南方向，允许光线进入工作区。为了保护经处理的蜂蜜，结构从地面抬起，这样也允许处理的残余物不间断地排出。该设计受到国内蜜蜂维护方法和行为的启发。这个现代的蜂房包括一个四面蜂巢，组织成一系列的八角形框架，在蜂箱的下部分割蜂窝细胞。移动框架可以移除存储的蜂蜜而不会干扰或破坏蜂窝的细胞。

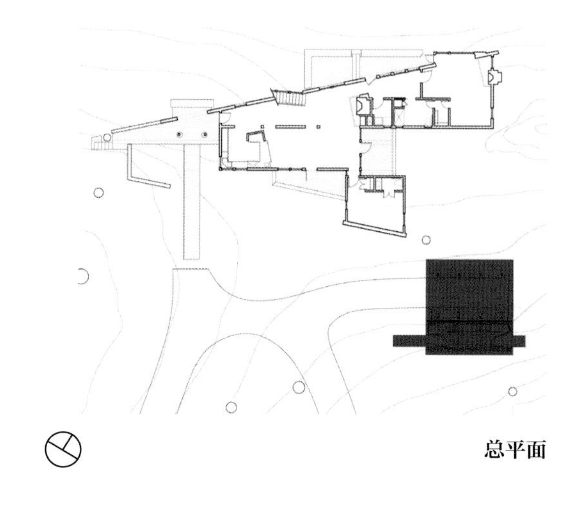

总平面

建设单位

莱斯利和克雷格摩尔

项目类型

养蜂场和展示中心

位置

喀什尔，北咔罗莱州

总面积

194ft^2（18m^2）

竣工日期

1998 年

摄影

理查德·约翰逊

北卡罗来纳州，喀什尔，美国

摩尔蜂房

马龙·布莱克威尔

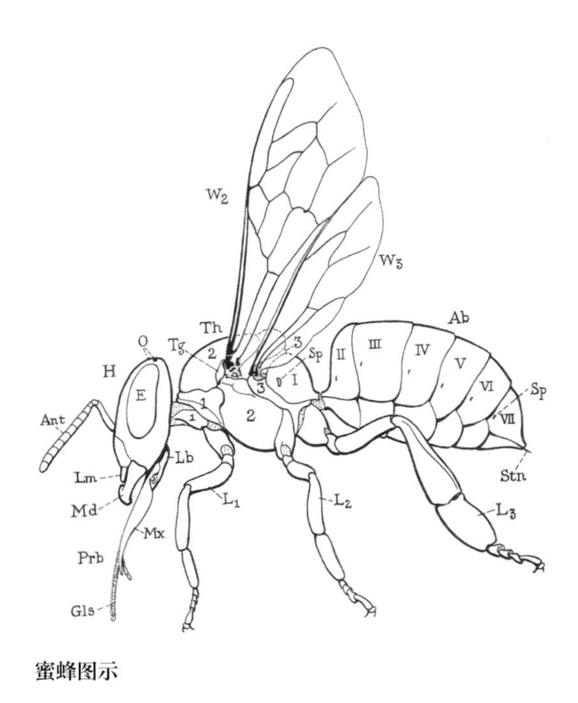
W_2
W_3
Th
Ab
O
Tg
H
Sp
E
Ant
Lb
Lm
Md
Mx
Prb
Gls
L_1
L_2
L_3
Stn
II
III
IV
V
VI
VII

蜜蜂图示

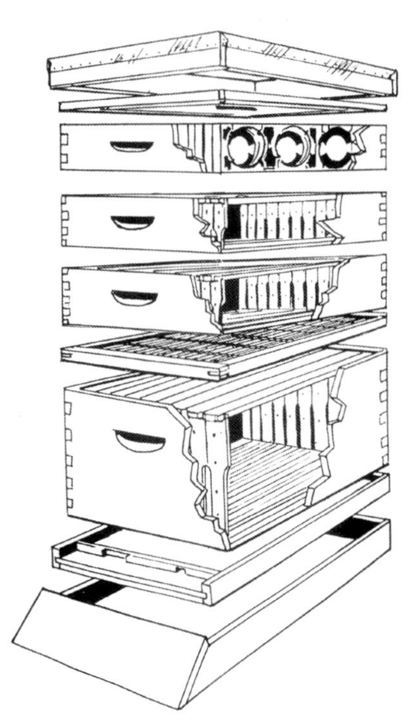

蜂蜜箱图示

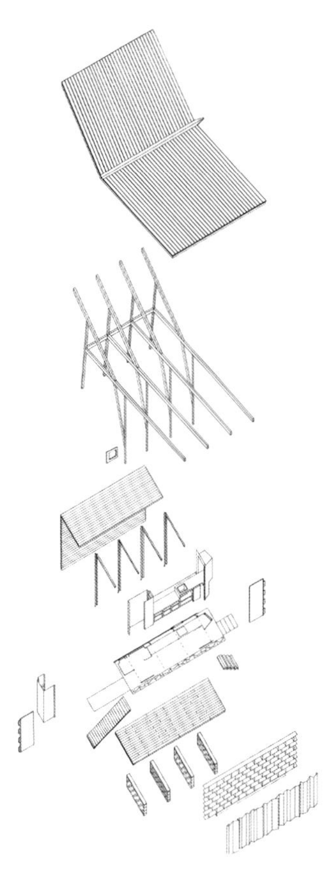

轴测爆炸图

一系列玻璃面板水平放置，玻璃板成为成品蜂蜜罐展示架，还充当了连续膜的作用。玻璃和钢主导的两个空间的交叉点会依据季节和时间的不同，在窗口中产生透明、半透明和不透明的几种效果。建筑密集多变的节奏使其具有了鲜明的活力，因为它反映了该地区变化的气候以及蜂巢周围生物的有机形态和内部的活动。养蜂人的设备及蜜蜂适应这种设备的能力，它们之间有密切的联系，这种相互关系对于蜜蜂持续地生产和蜂群的生存至关重要。

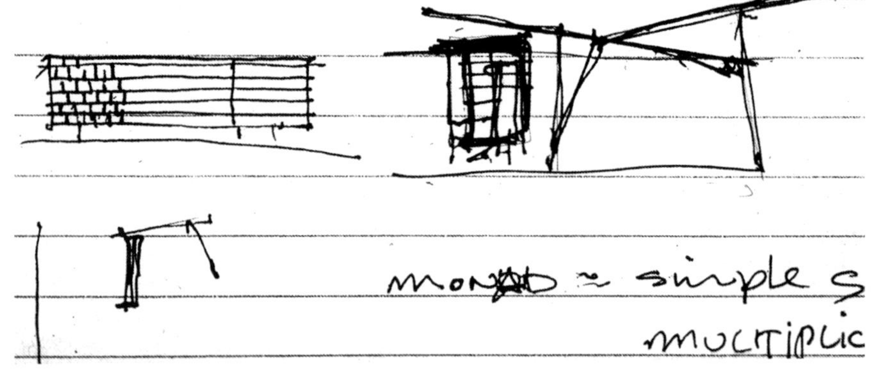

总平面

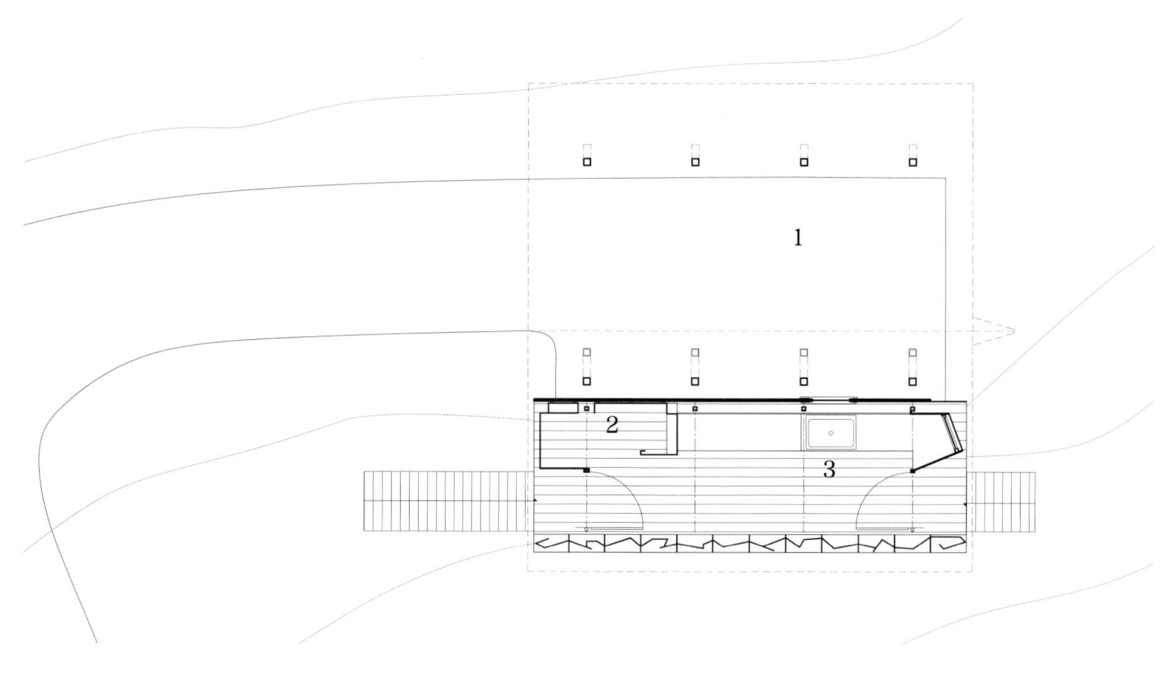

初步草图

1. 停车场
2. 工具室
3. 工作区

蜂场的形成是对自然合理汇集过程的响应，因为它在单个工作区内结合了各种元素和功能。建筑整体结构与四块混凝土连接。倒置金属屋顶类比成蜜蜂的一只翅膀与其他形式形成对比，既标志着它的独立性同时又与养蜂场形成互补的关系。两种结构都是由互锁的贴面木和钢管制成，在用坚固的清漆密封之前，它们与其他钢材一起生锈了九个月。钢结构一部分是在阿肯色州制造的，然后在原地进行组装，这一过程持续了整整一个月。

白蚁穴

这个项目是基尤皇家植物园的一部分，由于其著名的温室该植物园长期被认为是伦敦最具代表性的公园之一，并于 2003 年宣布成为联合国教科文组织的世界遗产。管理者认为需要建一个新的温室，用于收集高山植物，而这些植物通常被认为是邱园“失落的宝石”。新建建筑的主要目的是希望在植物园里寻找到一个新的焦点来提升收藏品的形象，此外还要保证新建筑的位置对现有工厂的影响最小，并提供一个内外环境平稳过渡的空间。该建筑允许适量的自然光穿透内部，并提供最佳的冷却条件和恒定的空气循环。改善通行能力是该设计的另一个关键特征，因为该结构在建筑的两端都设置了入口，每个入口都有各自的门厅，从而保证了公众人流的通行。建筑师从白蚁巢穴中提取了设计灵感，特别是在制冷系统方面，甚至恢复了它们的形状，这为新植物顺利开发创造了理想的条件。

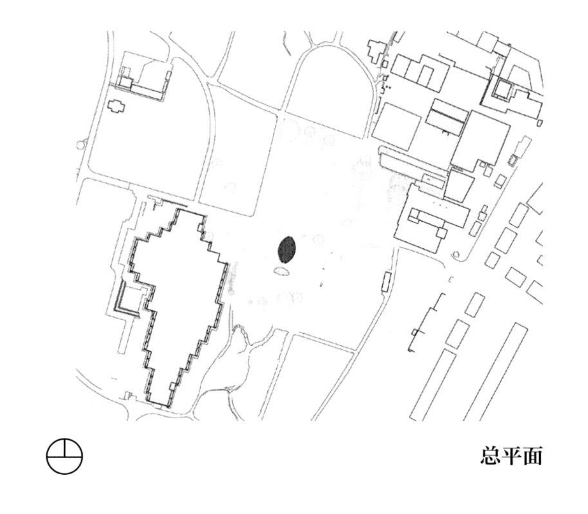
总平面

建设单位
皇家植物园，邱园

项目类型
文化设施

位置
伦敦，英国

总面积
3853ft^2（358m^2）

竣工日期
2005 年

摄影
丹尼斯吉尔伯特 / 视角
尼克古特里奇 / 视角

伦敦，英国

戴维斯高山温室

威尔金森·艾尔建筑事务所

隔热膜展开图

该结构以双拱形为特征，每个拱形都有足够的高度防止植物过热。从每个拱门的底部到顶部采用不锈钢杆作为整个结构的支柱，并且杆件被涂上铝色以增强阳光的反射。由玻璃拱形的半圆柱和嵌入地下室地板的混凝土墙迷宫式的组合形成了良好的制冷系统。由于混凝土迷宫使得冷空气围绕整个温室的周边循环流动，弯曲的外墙表面可以轻松释放热空气。面向北方沙丘方向目的在于尽量避免太阳直接辐射，而孔雀尾巴式的屏幕根据全年不同的时间展开，在建筑自身内投下阴影。

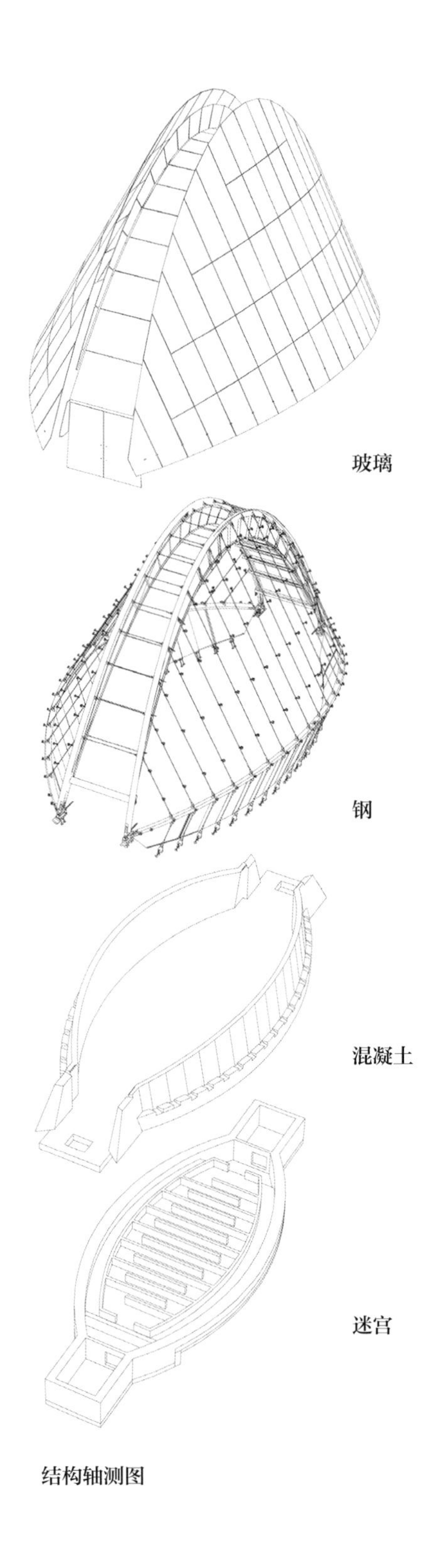

结构轴测图

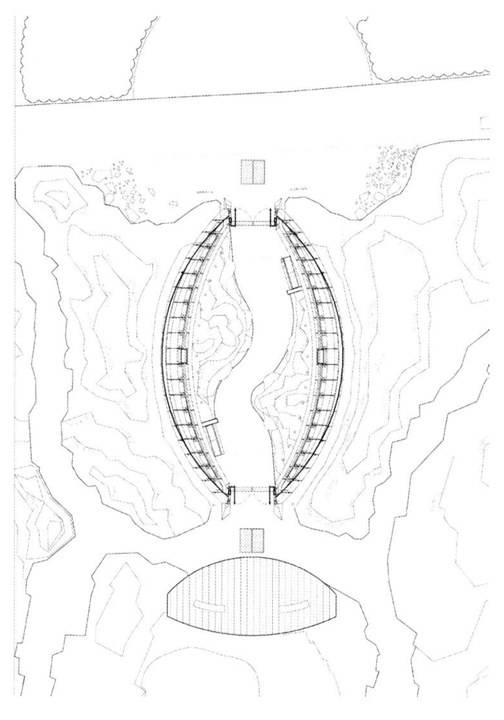

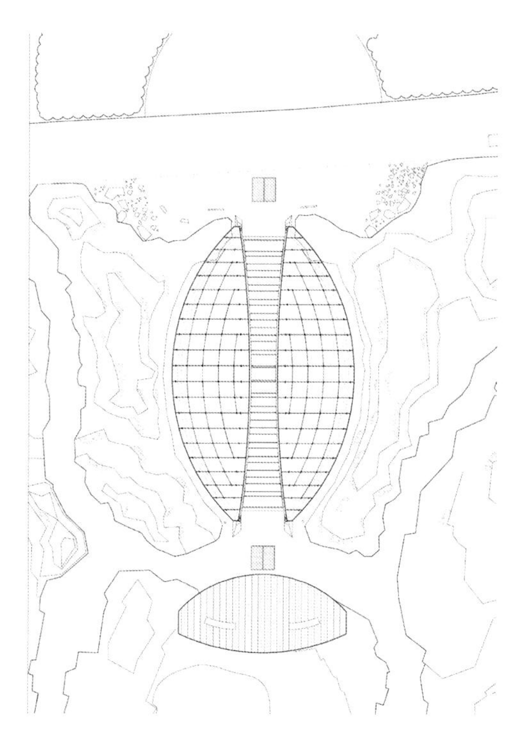

首层平面

屋顶平面

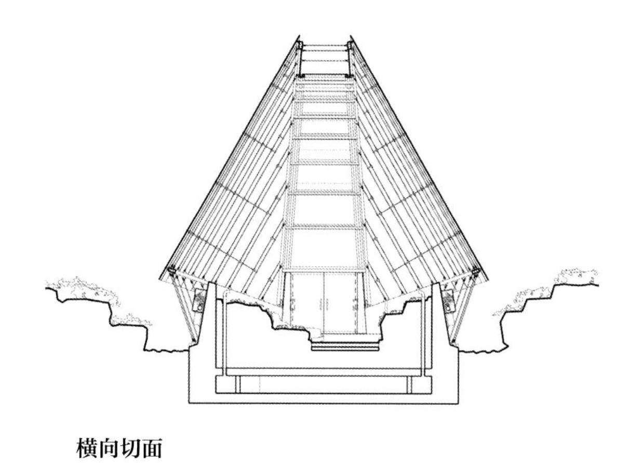

横向切面

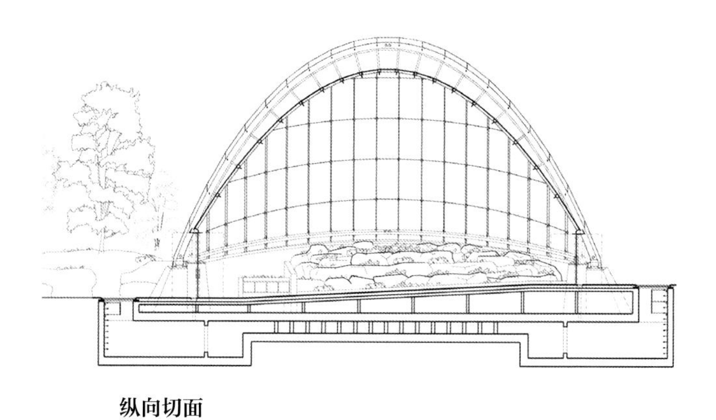

纵向切面

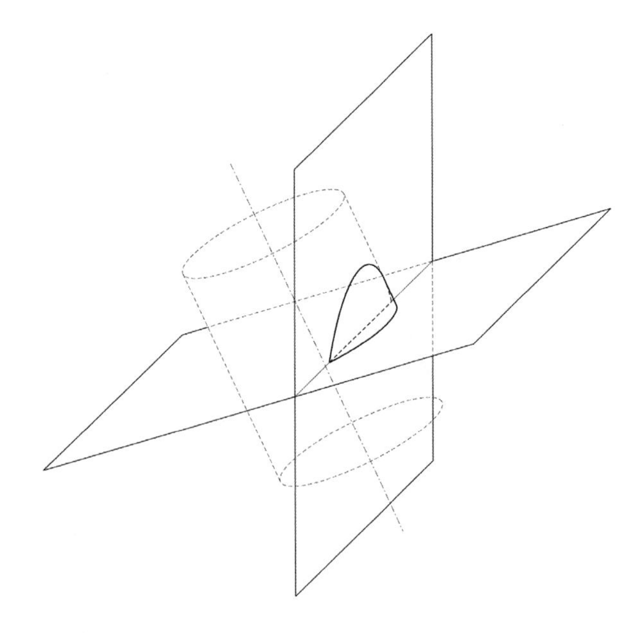

结构详图

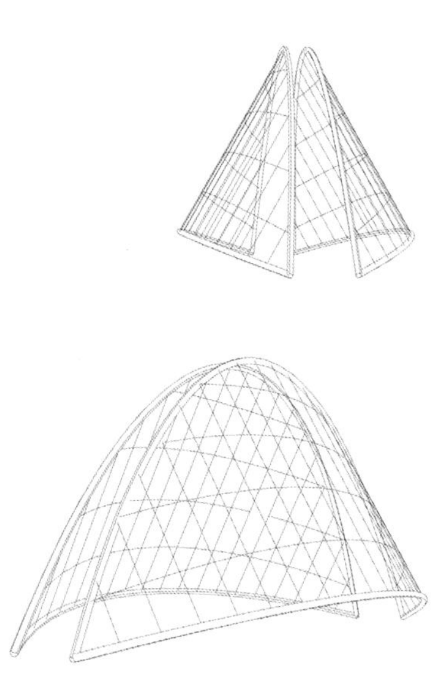

结构轴测图

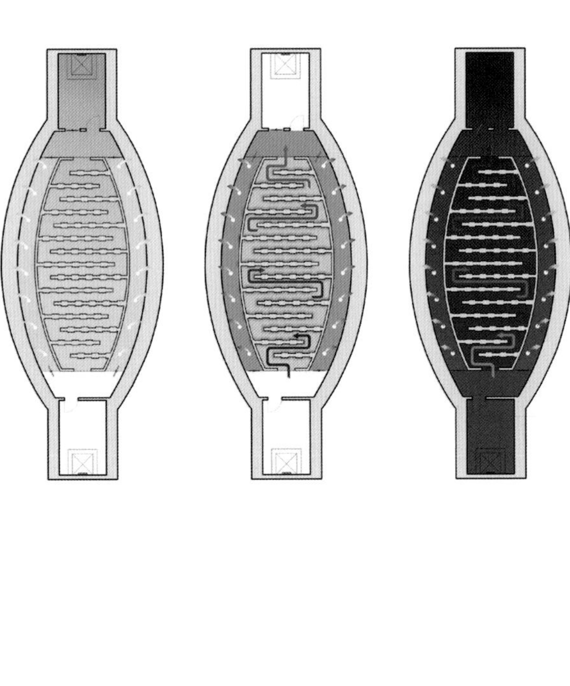

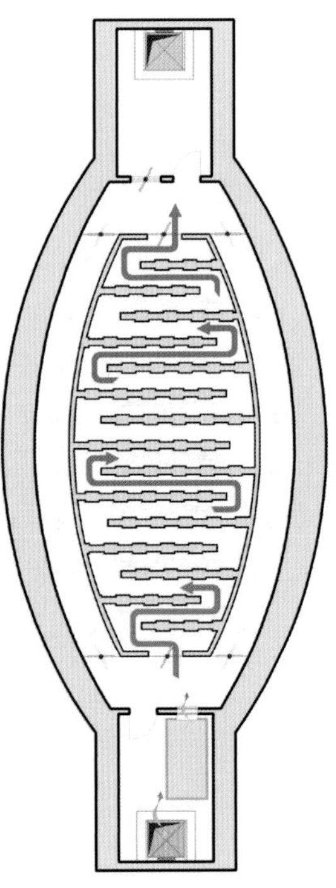

地下迷宫图

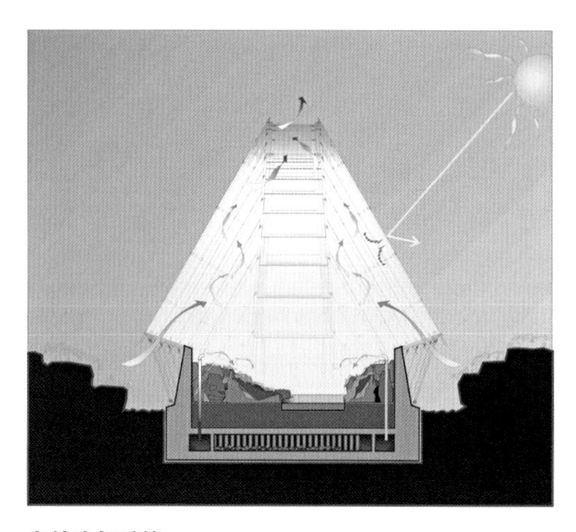

自然冷却系统

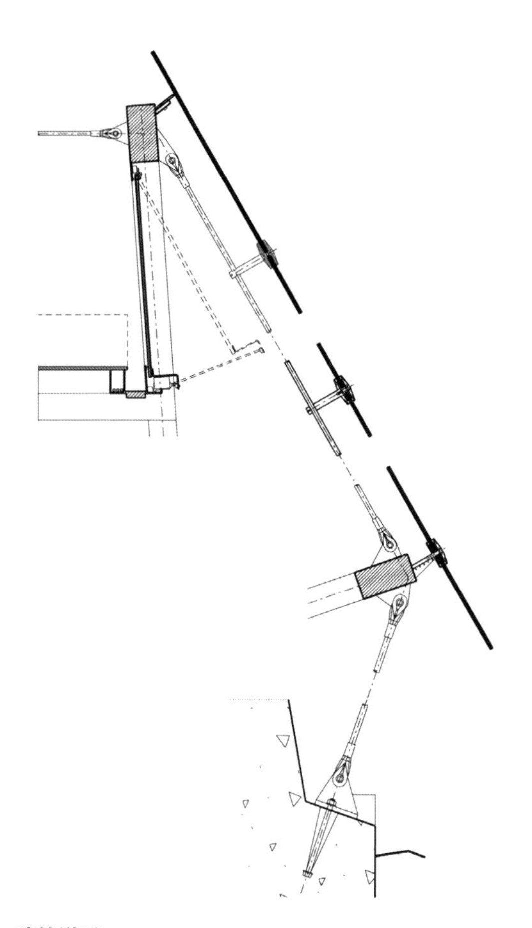

建筑详图

白蚁巢

歇斯底里宴会厅是2006年在荷兰阿尔梅勒举办的建筑竞赛中的获奖项目。这个设计想法采用了比较简单的解决方案，将大面积木材中间的空间紧密结合。这种设计受白蚁巢的启示，与大自然的荒野相呼应，创造出了一种封闭的结构，融入森林中间。施工技术的进步使得内部点可以在结构内部旋转，屋顶和墙壁仍然可以完全接近。此外两个球体和两个螺旋体被整合到建筑中起了缓冲作用，这增加了40%的可用表面积。这策略意味一个地方可以被用来获得最大的利益，或者游客无须离开，这个地方就可以根据需要进行修改。家具连接到建筑物的地板、墙壁和屋顶，被集成到建筑内部以适应当下的功能需求。当球体和螺旋体旋转时，每个房间都可以改变它的使用功能。当这种旋转发生时，各种景观、形式和照明配置可以被感知，这种螺旋体也可以充当分隔墙，隔离每个房间，因此不需要安装门扇。

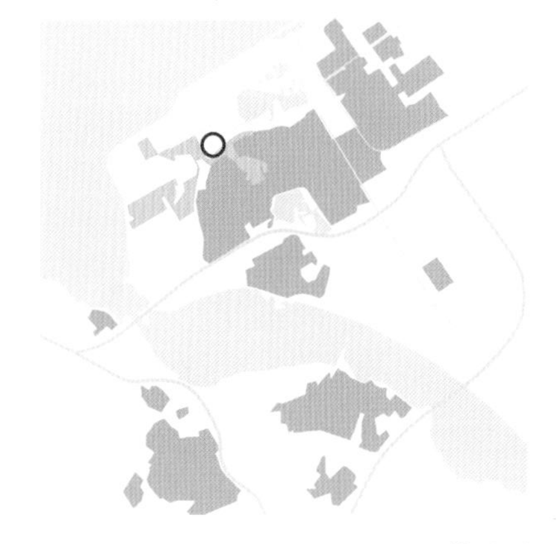
总平面

建设单位
公共竞赛

项目类型
房屋

位置
阿尔梅勒，荷兰

总面积
667ft^2（62m^2）

竣工日期
2007年

摄影
布贝建筑师事务所

阿尔梅勒，荷兰

歇斯底里宴会厅

布贝建筑师事务所

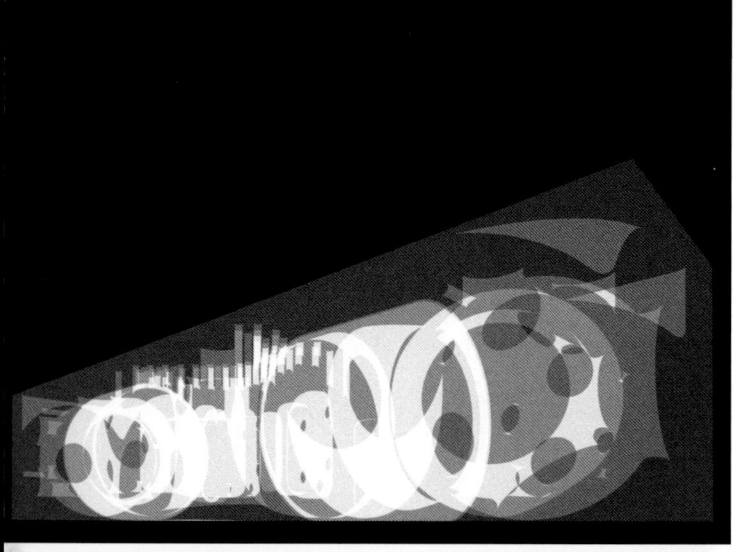

数字模型

最终设计在创建原型之后，这样可以实现旋转部件运动达到最大的精度。这些部件在使用玻璃纤维和环氧树脂覆盖之前，使用电脑机器从聚苯乙烯材料中把它们切割出来的。由此产生了一个轻质的、完全隔热的建筑，此类建筑既挑战了内部空间位移和组织的概念，又最大限度地利用空间提供了另一种生活方式。正如在这个范围内的项目中经常发生的情况，基于建筑师的直觉和研究的混合，通过设计和施工之间的明确互助来寻求各种明确的解决方案。

总平面

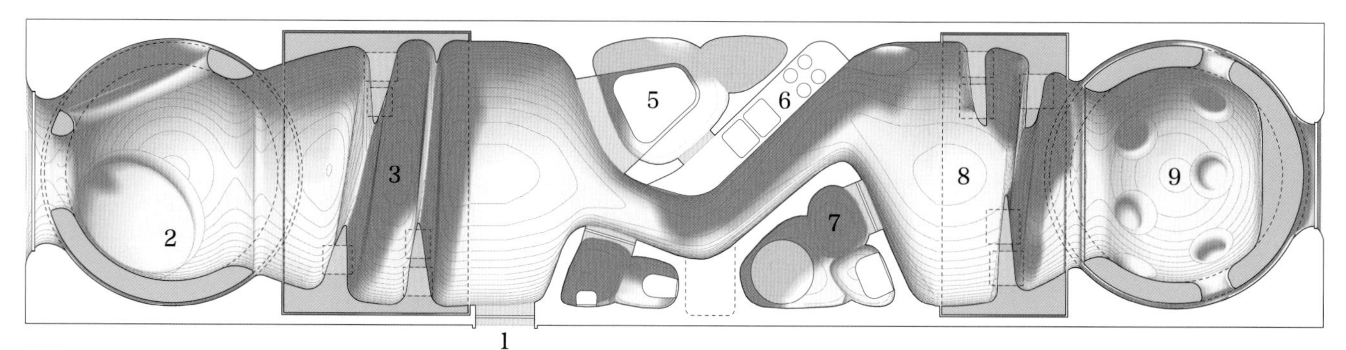

平面

1. 入口
2. 客厅
3. 图书馆
4. 厕所
5. 起居室
6. 厨房
7. 浴室
8. 储存
9. 卧室

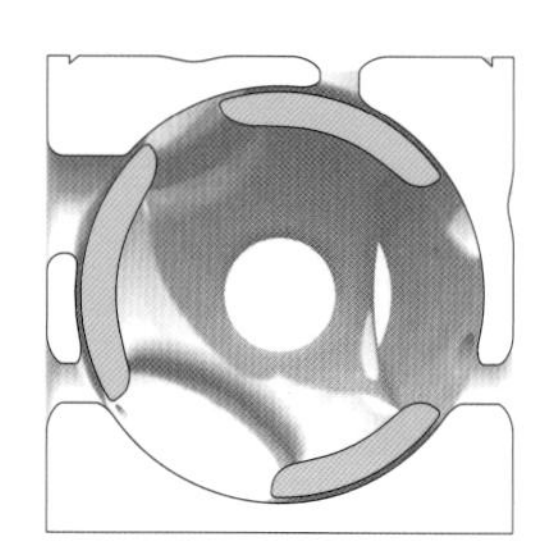

横向剖面

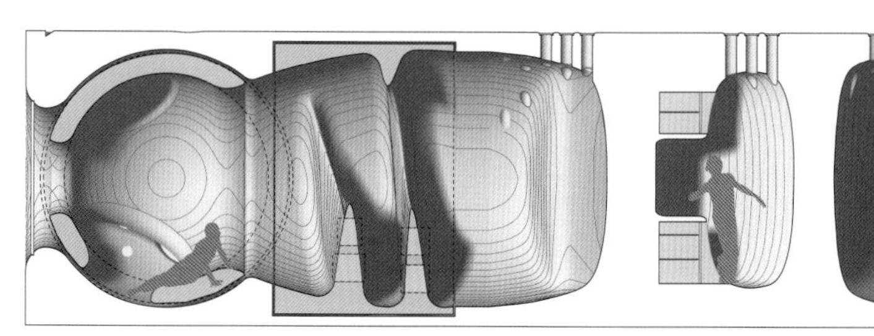

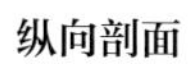

纵向剖面

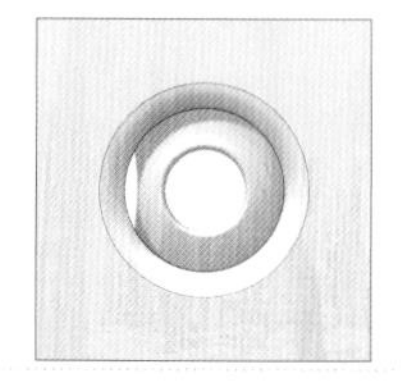

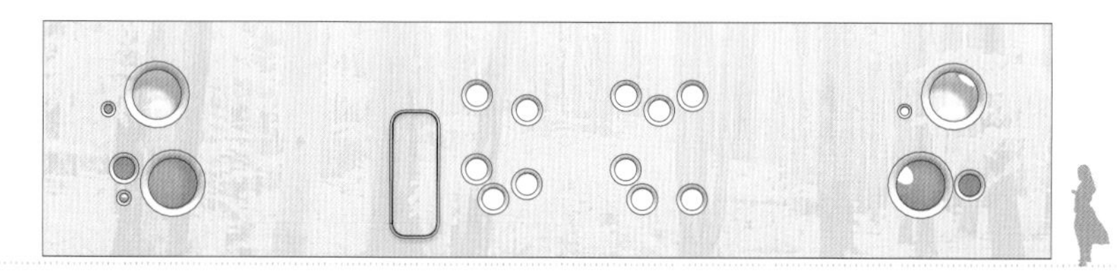

正向立面

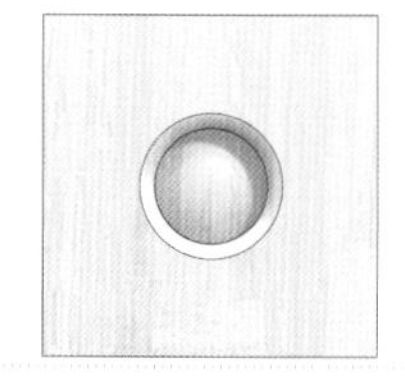

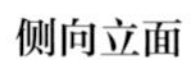

侧向立面

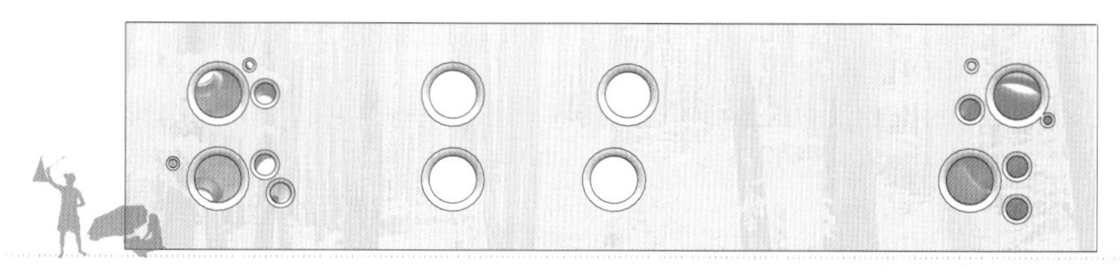

背向立面

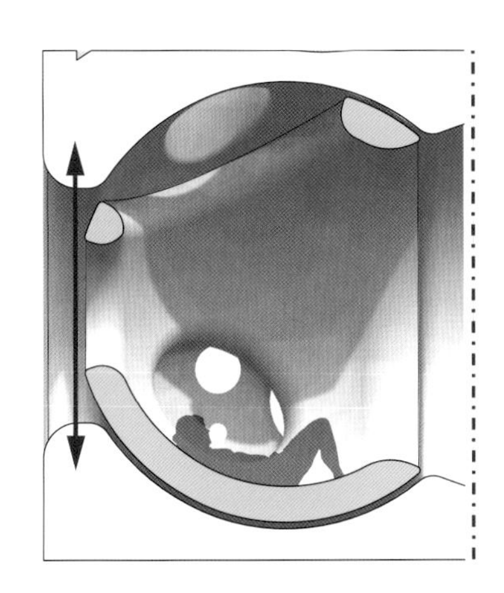
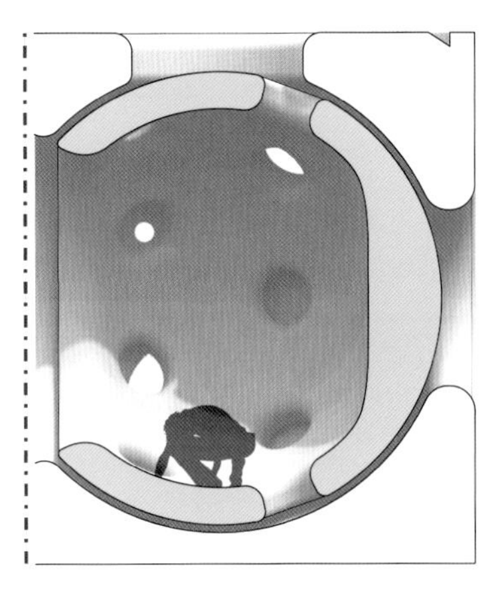
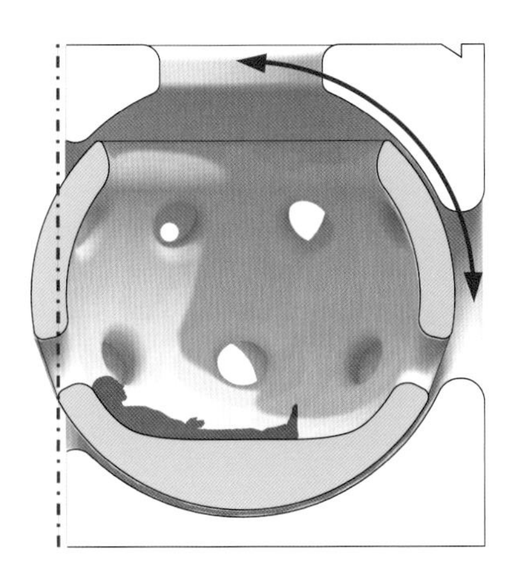

内部空间各种配置图

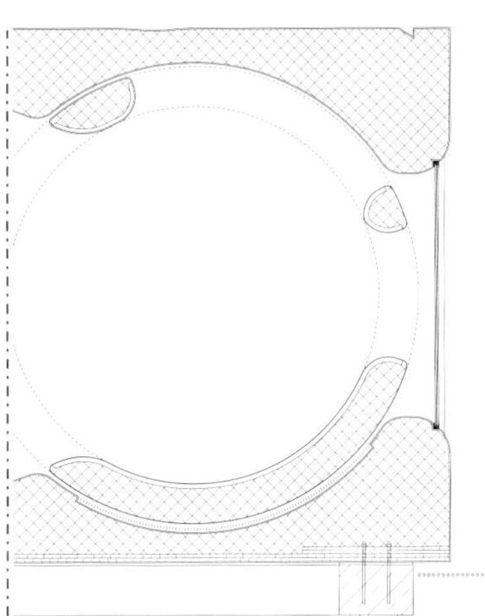
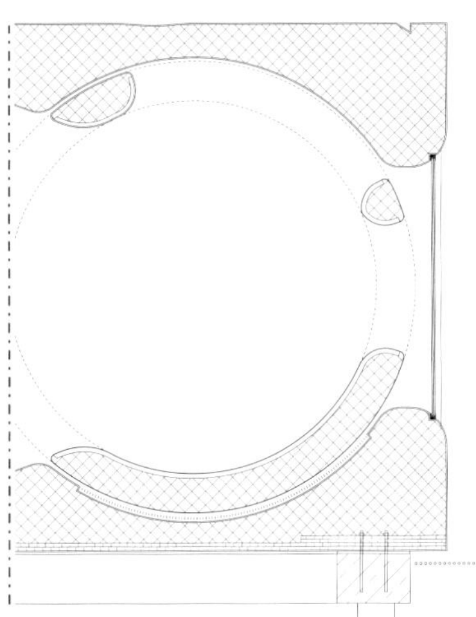

当住户通过房屋内部的运动使建筑物旋转时，单个空间从客厅变成卧室。

建筑详图

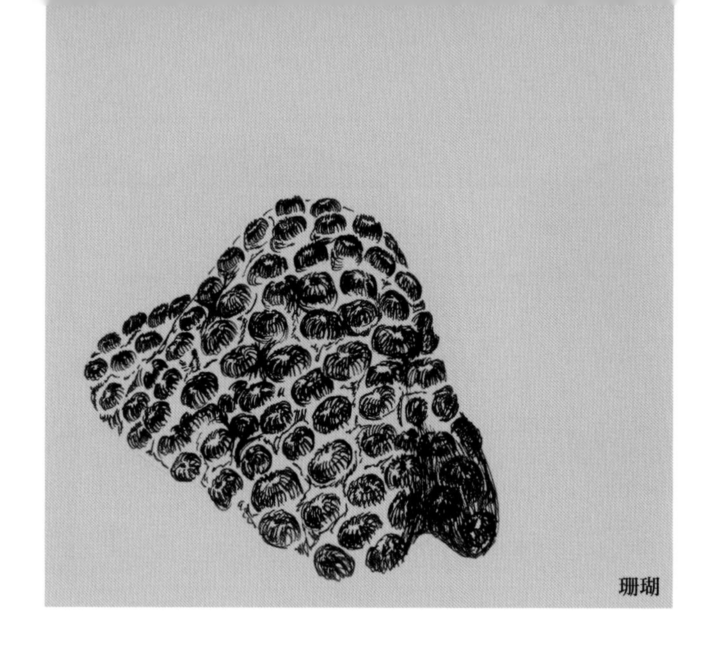
珊瑚

珊瑚城岛除了是一个水下水疗中心，还是一个自然健康领域的先驱。它提供各种各样的活动、冒险和体验，也是一个极具特色和吸引力的文化中心。珊瑚岛最基础的是海洋生态系统的科学研究和再生产，由于自给自足的财政需求导致其推广成为旅游景点，现在它接收来自世界各地的游客。该项目涉及在迪拜建立一个大型海洋研究实验室，该实验室将能够规划和预测海湾未来建筑造成的生态变化。一半的建筑位于水下，通过在单一空间内覆盖广泛的功能，再现了珊瑚礁的战略。这个项目激起了人们对迪拜居民生活在海中的回忆，珊瑚仍然是海洋生态系统的一部分，然后被肆无忌惮地开采直至完全消失。水下区域让游客可以放松地探索再生自然环境，这将为城市注入新的活力，而目前这个城市的产业主要集中在工业、旅游和商业。

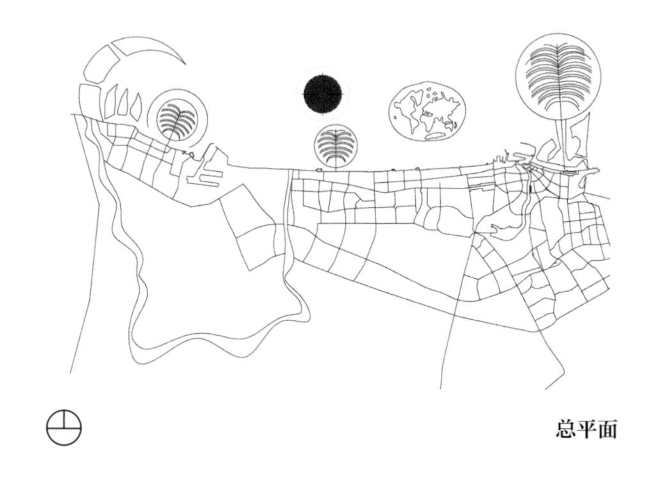
总平面

建设单位

建筑协会
技术研究展览

项目类型

温泉和科学研究中心

位置

迪拜，阿拉伯联合酋长国

总面积

136486ft^2（12680m^2）

竣工日期

2007 年（非建设项目）

摄影

达米安菲格拉斯

迪拜，阿拉伯联合酋长国

珊瑚城岛

达米安·菲格拉斯

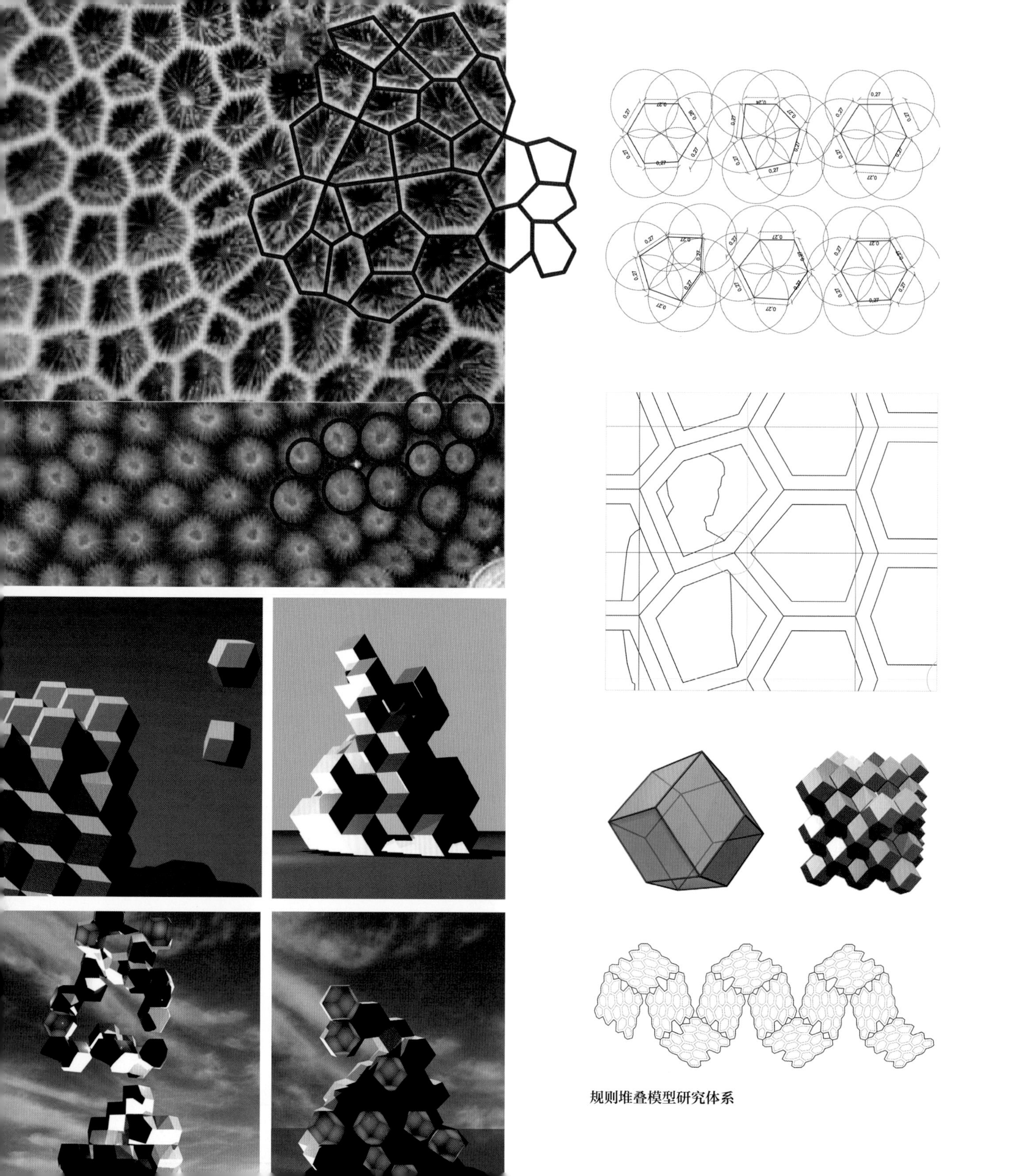

规则堆叠模型研究体系

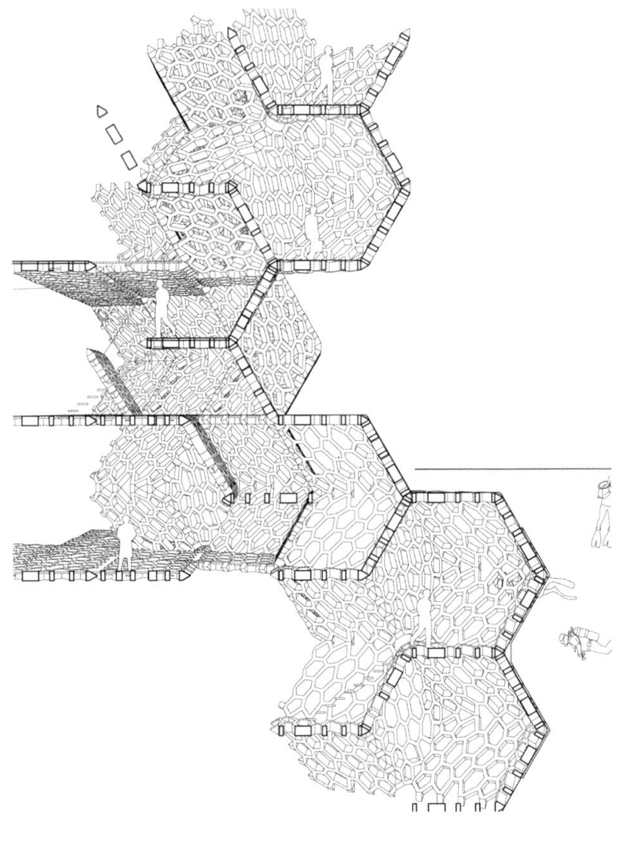

部分透视

这位建筑师从多拉珊瑚礁中汲取设计灵感，数千年来，多拉珊瑚礁在其生态系统中被证明是最有效的。珊瑚礁并未远离城市居民区，因为它们为日常重要的功能提供了一个庇护所。珊瑚的结构类似于树的树枝或鹿角的鹿角，目的在于最大化暴露于表面区域的元素，从而允许自然光线注入各个空间，并使得各个方向能交叉通风。此外,珊瑚脑的椭圆形的形状提供了一个更加集中，受保护空间，可以设计为实验室。 珊瑚反过来提供了一个活生生的皮肤覆盖结构的可能性，并增强了与环境和气候条件的相互作用。

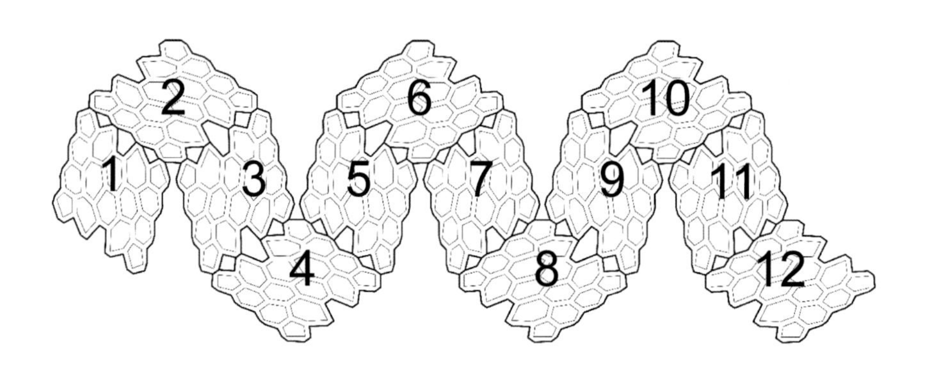

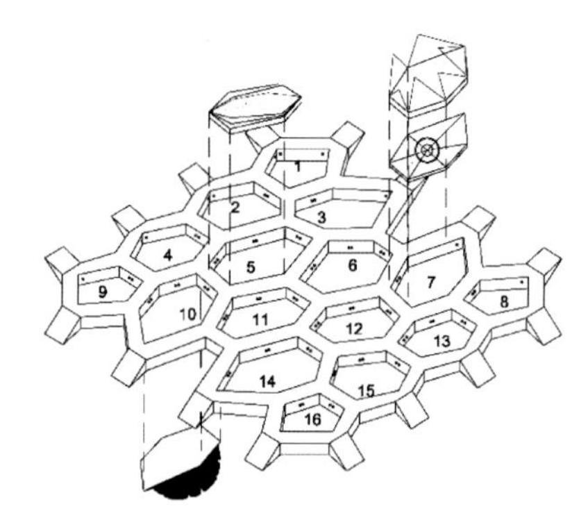

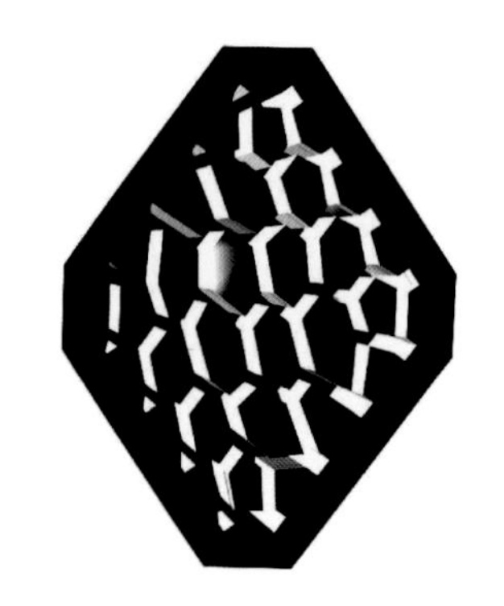

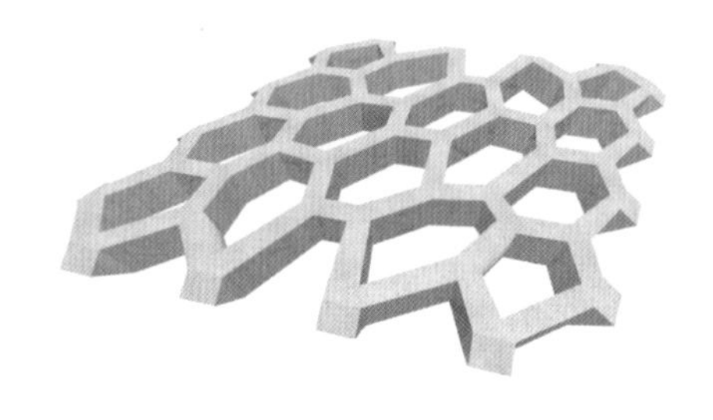

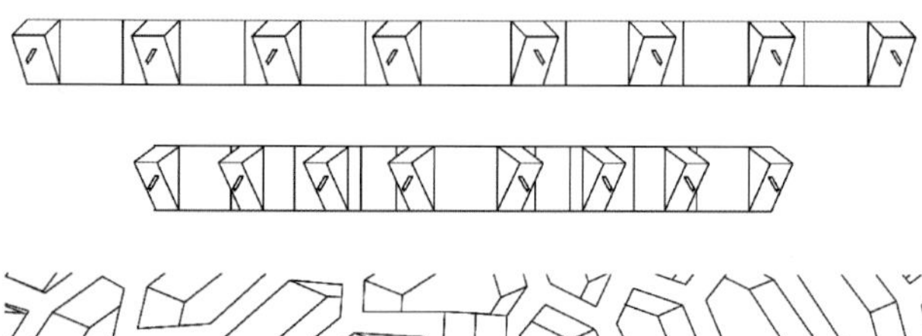

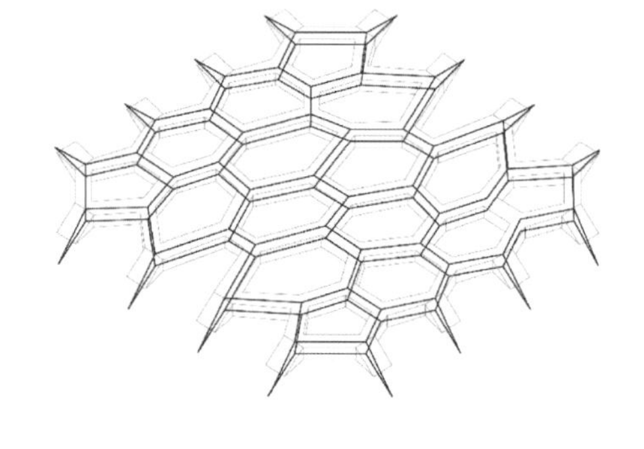

包层用预制板研究

珊瑚礁有时会在古老的珊瑚上形成，当古老的珊瑚死亡时，它们会变成岩石骸骨，分解成细小的沙子，然后变硬并作为新的珊瑚结构的基础。这个过程最终的结果是产生石灰石结构，它以吸引丰富多样的自然生物而闻名。该项目受到这一过程的启发，将建筑物的表面与水下结构连接起来，为游客的通行和空间的分配创造了一个合理的转变，同时依据珊瑚的结构特点，允许设施以完全相同的方式不断扩张。

蛋　　有袋类动物

临时动物结构

众所周知，繁衍是所有生物得以生存的共同功能。在动物世界中，胚胎必须受到保护（一旦受精发生，无论是内部还是外部）直到它达到一定的稳定状态。有些动物是胎生的（来自拉丁语 vious，“活着的”和 parie，“生下来”），包括大多数哺乳动物，他们的胚胎在母亲的子宫里生长，在那里他们形成器官，不断生长，直到他们为出生做好准备。另一些动物是卵生的（来自拉丁语，“卵”和 parie，“生下来”），它们的繁殖过程涉及将卵子置于外部培养，它们要在孵化前完成发育。

鸟蛋是由钙物质围绕的胶囊，呈椭圆形，蛋的一端有缓和的曲线，这赋予它极大的抵抗力。该保护壳的壁是多孔材料的，允许气体从内部和外部通过。胚胎里面，由被称为蛋黄和蛋白的营养组成。强大的弹性膜覆盖这些物质，附着在蛋壁上的这些物质称蛋膜。鸡蛋中最钝的部分包含一个气室或空间，这对于内部生长动物提供必不可少的呼吸需求。

除了鸟类，卵生动物包括大多数昆虫、鱼类、两栖动物、爬行动物、鼹鼠和鸭嘴兽。它们卵的形状和大小往往令人惊叹。 例如，新受精的青蛙寻找可以悬挂多达一百个卵的凝胶块的叶子。蜘蛛则将它们的卵包裹在丝中，而蝴蝶卵尽管表面结构非常复杂，但是它们非常小，只有在显微镜下才能看得到。

在胎生和卵生动物之间有一种过渡——有袋动物。与胎生动物不同，有袋类动物不产生胎盘，这种缺陷意味着胎儿出生时处于非常早熟的状态，必须继续在袋（或育儿袋）中生长。这是由腹部皮肤折痕形成的，并通过口腔（有袋动脉括约肌）将其与外部隔离，为后代提供更大的安全性。育儿袋包含与乳腺连接的乳头和由此形成新胚胎的食道。

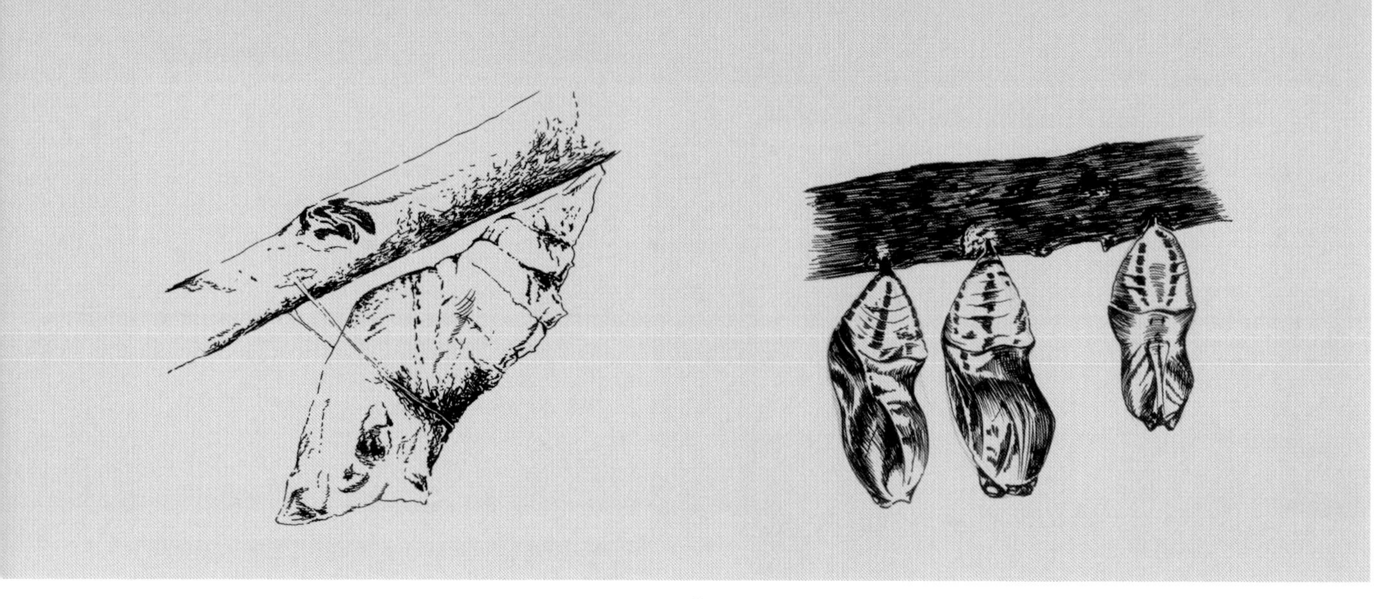

蛹

一旦胚胎发育成熟，无论是在卵子，子宫还是育儿袋中，新的个体都会融入其物种的生命中。一些动物，如哺乳动物，逐渐变成成年人，他们和年轻人之间的主要区别基本上是他们的尺寸大小。相比之下，其他物种都经历了简单或完全地变形。完全变形是一个非常复杂的过程。一个卵孵化为幼虫，它不断地进食，变成一只蛹，当它停止进食并且保持不动时，幼虫会将其自身包裹在一个具有保护性的茧中，并进行形态学和生理学重组，最终形成成虫。有接近80%的昆虫以及一些甲壳类动物发生这种变形。

蛹是一些昆虫从幼虫阶段到完全成年的中间状态。与幼虫和成虫不同的是蛹期是无梗的，在此期间，昆虫隐藏或封装在胶囊中以保护自己，幼年的器官被吸收，生长出完全不同的结构。在这个阶段，昆虫一动不动，根本不吃东西。它逐渐长出腿和翅膀，它的身体呈现出头部，胸部和腹部三部分明显的结构特征。这个过程可能需要几周完成，就像一些蝴蝶那样，也可能需要作为休息时间等待有利的环境条件。

蝴蝶和飞蛾结的茧被称为蛹（来自希腊金黄色的“黄金”），蛹的形态具有很强的视觉冲击力。大多数蝴蝶的蛹在整个过程中都悬挂在一个柔软的花梗上，该花梗隐藏在树叶中以供保护。相反，飞蛾的蛹通常是黑色的，埋在地里或包裹在茧里。蚕茧特别有名，这要归功于它制作的极长的丝线。当成年昆虫孵化成时，它会打开茧或通过排泄液体将其溶解。

有袋类动物

该建筑位于东京港区居民区，这里是人口密度最高的地区之一，2005 年每平方英里约有 22344 人（每平方公里 8267 人）。这种情况导致建筑物用地非常有限，尤其是在住宅部分，住宅部分尽可能充分利用居住空间。面对严峻的空间限制，建筑师承担了面向年轻家庭住宅设计的挑战——由于房屋位于北面，面积仅为 431ft²（40m²），在对面的建筑物的遮挡下，自然光线非常有限。设计的对象是带着两个孩子的一对夫妇，他们想要一个尺寸小巧合适但明亮的房子，当他们的父母不在家时，对于孩子是安全合理的。为了做到明亮并充分利用密闭空间，建筑师特别关注了四个主要的墙壁，尤其是立面。受到动物育儿袋的启发，在主要立面的中心部分鼓起墙面，为他们提供了额外的空间，可以养育孩子。由于采用了这种方式，客厅也获得了额外的空间，一个从内部延伸出来的小空间可以提供各种服务，特别是对于儿童。SH 住宅现在被认为是建筑多功能性和独创性的典范，富有逻辑性，简单而正式。

总平面

建设单位
私人

项目类型
家庭住宅

位置
东京都港区，日本

总面积
431ft²（40m²）

竣工日期
2005 年

摄影
Daici Ano，NAP 建筑设计事务所

东京都港区，日本

SH 住宅

中村拓志 &NAP 建筑设计事务所

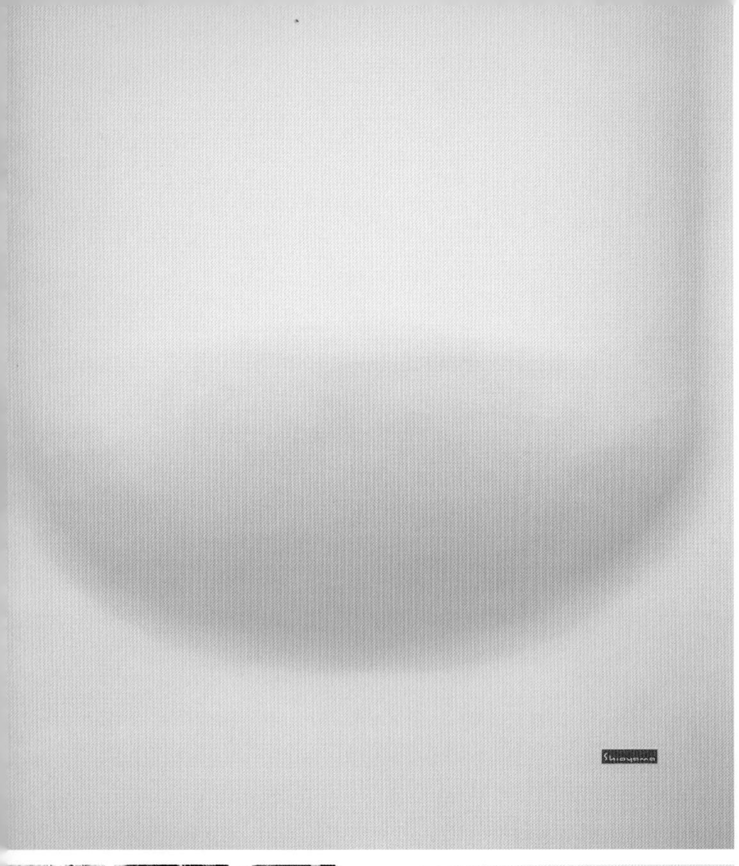

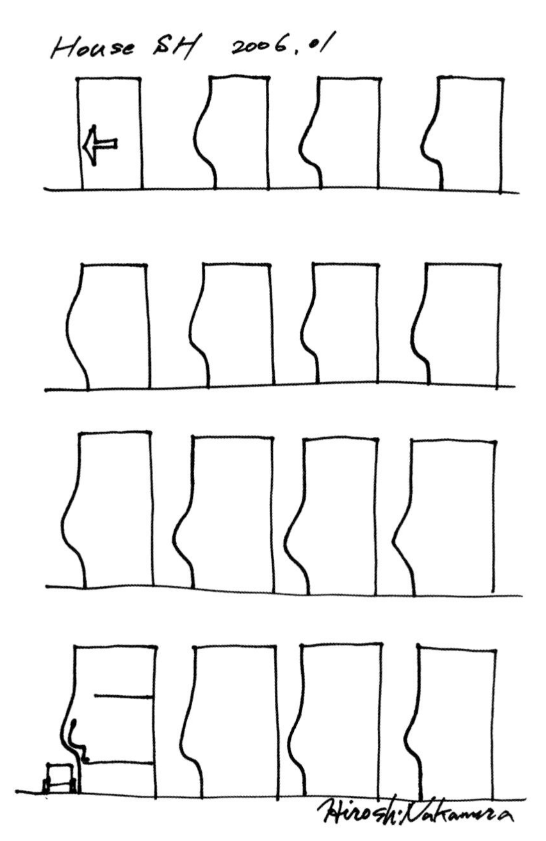

初期草图

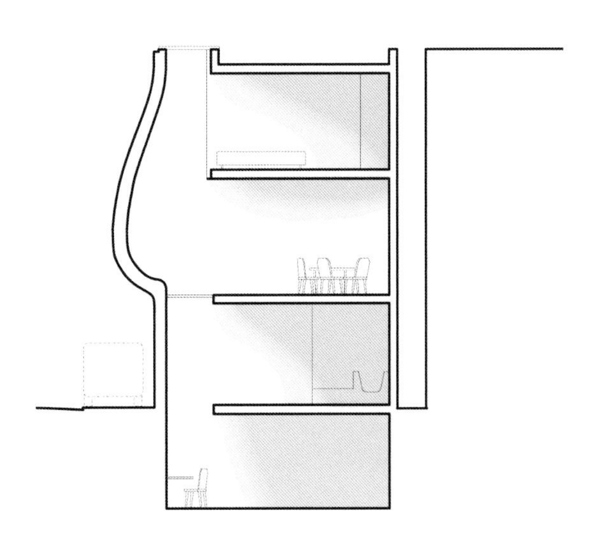

横截面

设计理念源于几个小的设计策略，停车预留区域上方设置的三个层次。接下来的步骤是在立面上创建居室的空腔或育儿袋，这使得立面延伸至周边的建筑界限。内部空间变成了一个醒目的圆形凹口，按照户主的需求提供了长椅或沙发，增加了客厅有效的尺寸。照明问题通过设置大型的天窗解决，在袋形空间的屋顶，光线能够射进来，并通过袋形空间改变方向洒向房子底层。白色墙壁高效地反射了从天窗倾泻而下的光线，统一了内部空间，照亮了每个有趣味的空间。

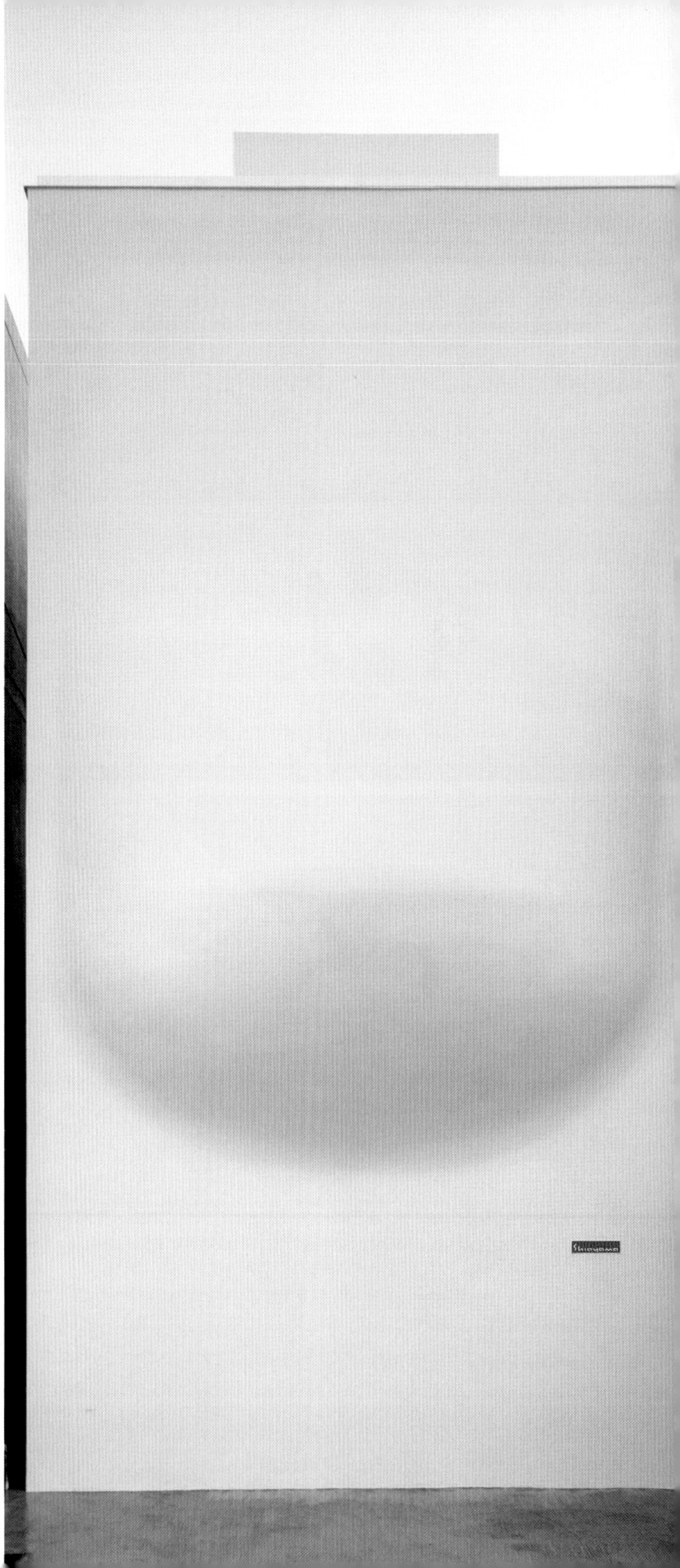

袋形空间是这个项目的特征和重要的组成元素，功能空间楼梯像雕塑似的突出了其轴线。

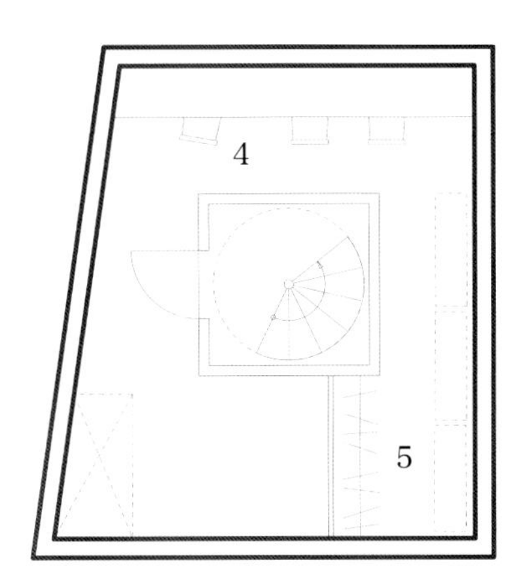

地下室平面

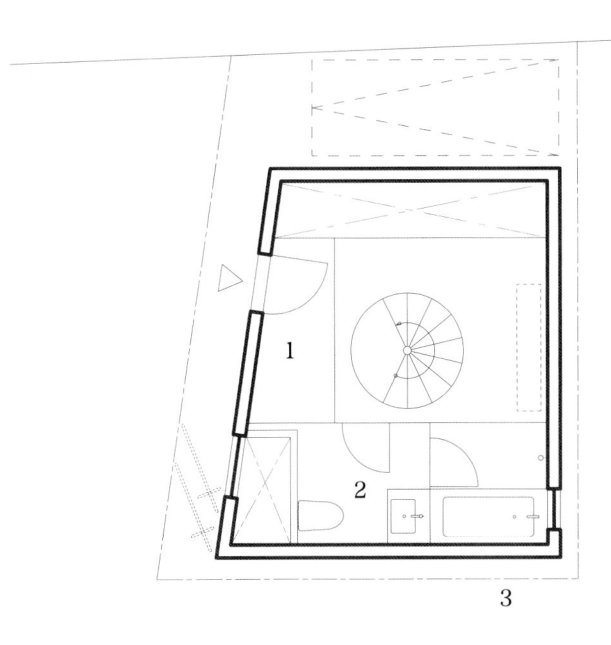

一层平面

1. 入口
2. 厕所
3. 浴室
4. 工作室
5. 储藏室
6. 餐厅
7. 厨房
8. 卧室

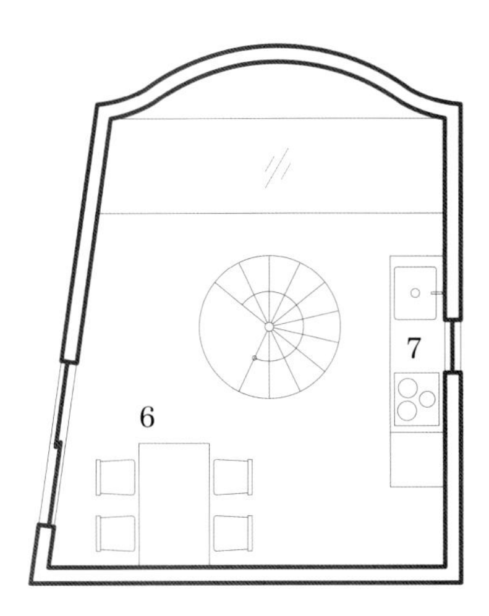

二层平面

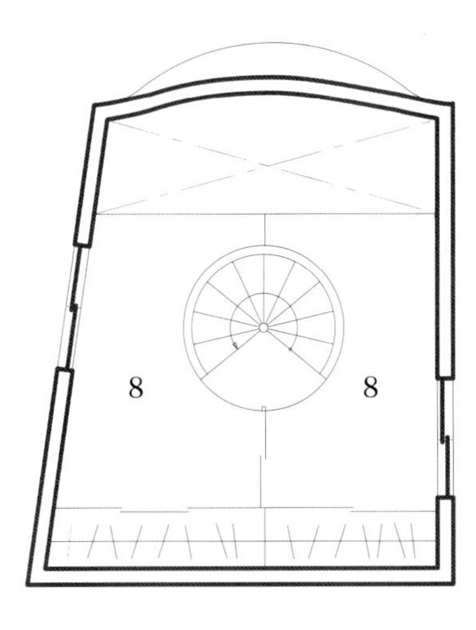

三层平面

这座房子是由混凝土建成的，全部涂成了白色，最大限度地反射阳光。每个楼层都对应着房子中的一个独特区域，所以厨房、客厅、浴室和卧室各占一整层，它们之间通过从底层到第三层的螺旋楼梯相连。玛花形式树的墙作为房子中统一的元素给住宅增添了趣味性，并为住户能以各种方式使用这种交流空间提供了可能性。

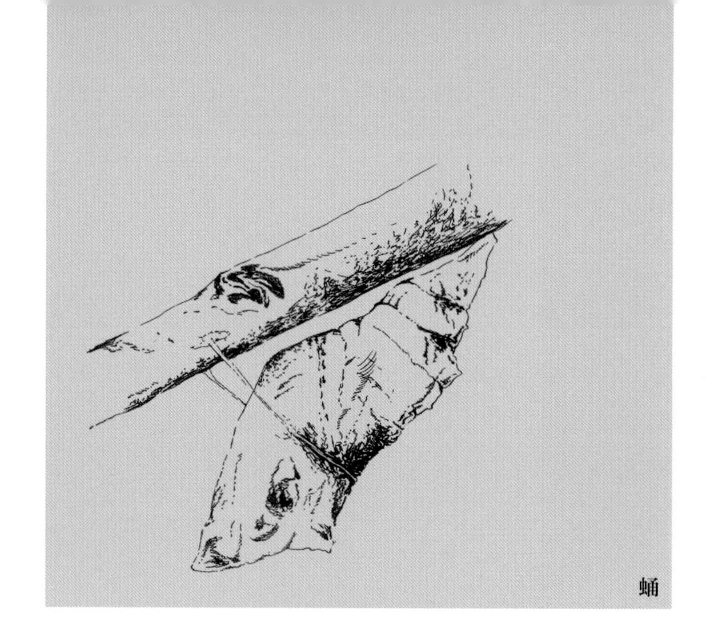

蛹

这个项目是连接伦敦纽汉姆 Plashet 学校两个部分的高架行人天桥。它被认为是一个非常原始的钢铁雕塑，并已成为当地社区的标志。建筑师们试图建立一个动态的结构，不仅能够保证教师和学生安全地从一座建筑物跨越到另一座建筑物，而且还能保护它们免受恶劣天气的影响。因此，这座桥被视为避难所和一个纽带，建筑师们的灵感来源于青蝇幼虫使用的各种建筑材料。该桥采用轻型结构跨越了一条繁忙的道路，缓解了之前上课时间出现的交通问题。钢铁和半透明的聚四氟乙烯可以保护行人免受雨水的侵袭，同时还可以让自然光线透入室内。走廊中间的画廊为教师和学生提供了一个可以欣赏风景的聚会场所。这座桥梁曲折的几何形状与附近长出的树木的位置相呼应。该项目被认为是可持续设计的代表，表现在为学校提供了新的、更加统一的新身份。

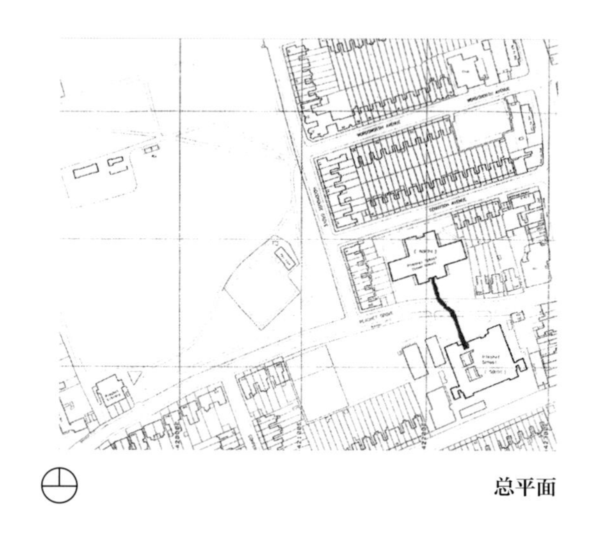

总平面

建设单位
纽汉理事会

项目类型
步行天桥

位置
纽汉，伦敦，英格兰

长度
220ft（67m）

竣工日期
2000 年

摄影
伯兹，罗斯姆阿奇泰克，尼克凯恩

纽汉，伦敦，英格兰

普拉什大桥

伯兹·罗斯姆阿奇泰克·尼克凯恩建筑师事务所

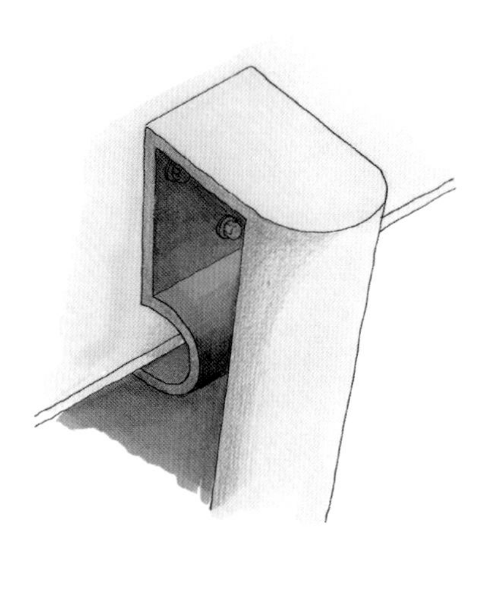

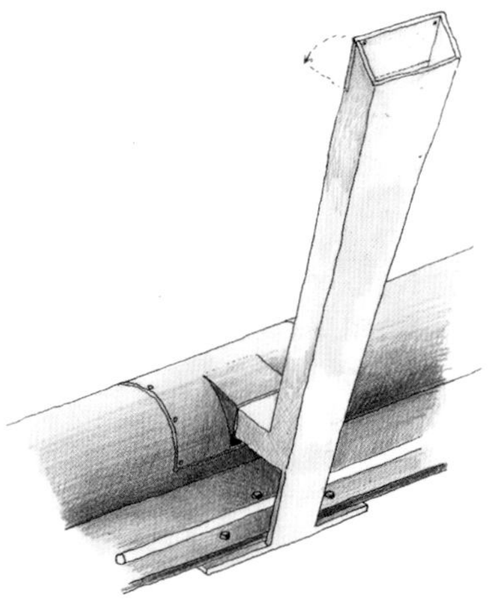

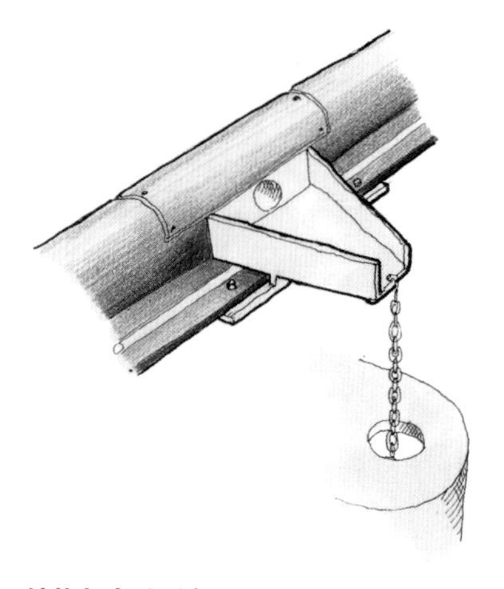

结构与夹具研究

桥梁由钢柱支撑，钢柱以一系列镀锌钢环为根基，并覆盖轻型铁氟龙。该结构的骨架分为三部分，并用宽度为 36in（915mm）的钢梁焊接，顶部用不对称的圆形横梁环沿整个结构长度交替使用，将其固定并形成屋顶。桥梁的两端由较小的柱子支撑，这些柱子以倒 V 形式分开，其中一个作为学校的北部入口。 该桥位于两个中心梁上，由多个标识外部覆盖层形式的空心夹子支撑，就像将两座建筑物连接在一起的保护层。

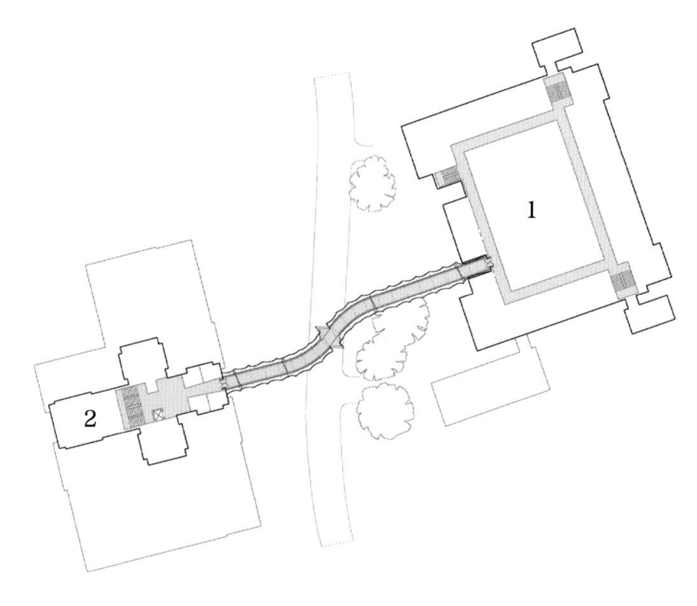

总平面

1. 北楼
2. 南楼

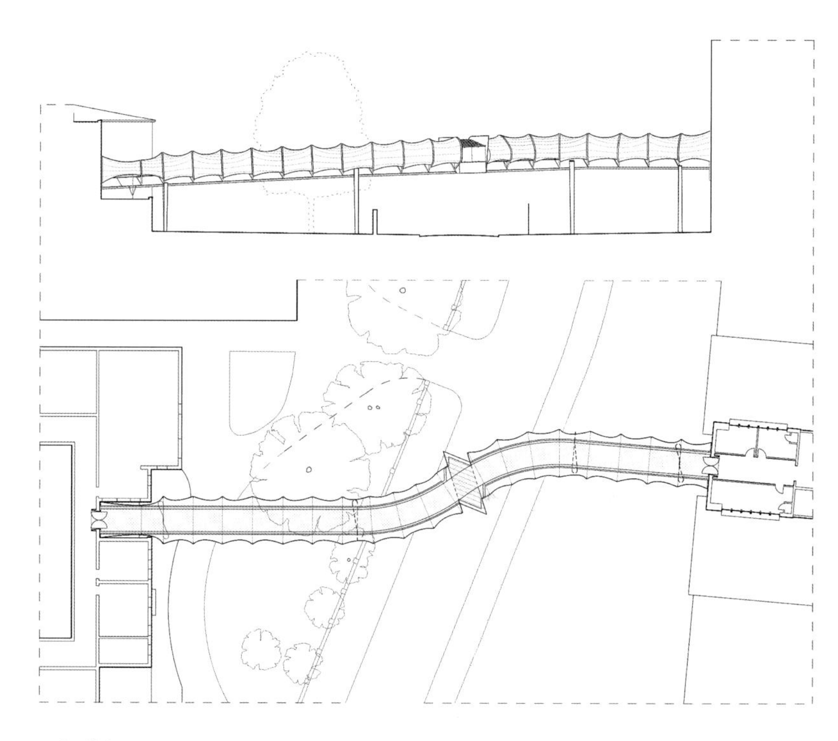

人行道高程和平面图

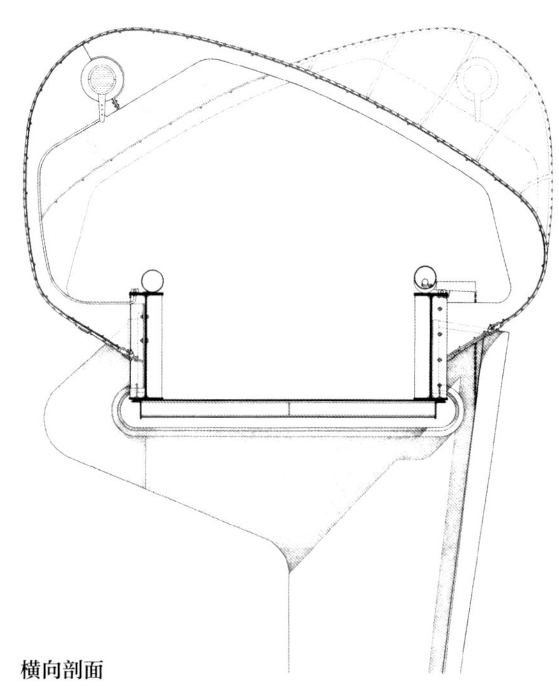

横向剖面

幼虫变形可以从结构的形式以及它的弹性包壳材料中得到证实，这种材料与蛹有很强的相似性。这种关注物理生长和转化的方法非常适合学校。

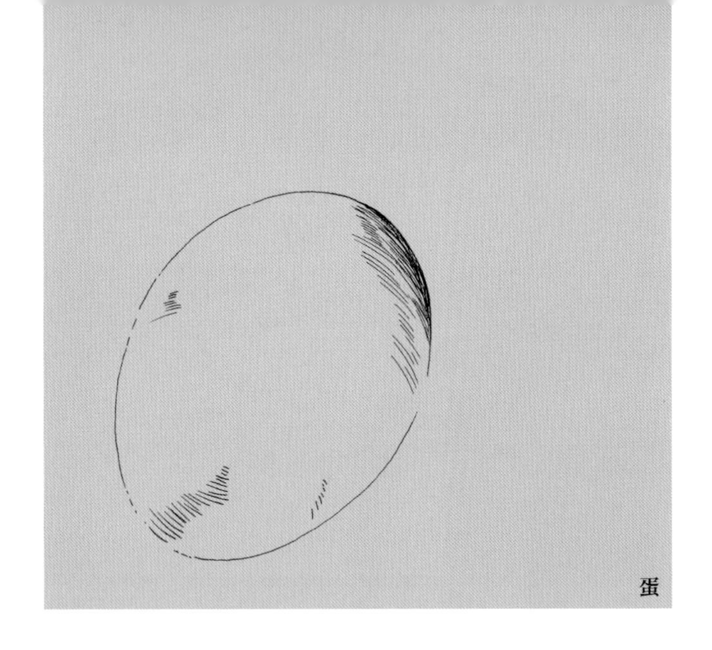
蛋

这个的项目开始于 2005 年，它作为名古屋混凝土艺术博物馆展览的一部分，很好地应用了具体的微观技术，达到了日本闻所未闻的水平。混凝土外壳被设想为适合各种情况的多功能结构。建筑神秘之处在于组合使用了其的建筑材料，玻璃纤维被集合成到薄混凝土中。设计灵感来自蚕茧，便携式避难所或者鸡蛋，外壳薄而耐用，多用途腔体厚度只有 0.6in（15mm），高度为 5.6ft（1.7m），虽然它很轻盈，但是结构尖端依然可以支撑成人的重量。通过添加榻榻米可以立即改变腔体功能，使其成为放松或玩耍的安静场所。当转移到树林这样的自然环境时，腔体则变成另一种空间，因为自然光可以通过其洞口和环境互相渗透融合。该项目被普遍推崇因为这种巧妙的设计理念，并赢得了世界各地的建筑奖项。

建设单位
名古屋混凝土艺术博物馆

项目类型
微型家具 / 临时展馆

位置
日本名古屋

总面积
$24ft^2$（$2.24m^2$）

竣工日期
2005 年

摄影
铃木一郎

名古屋，日本

混凝土荚

森田建筑工作室

总立面

混凝土结构采用了一种混合白水泥、轻骨料和玻璃纤维的物质进行加固。首先仔细混合这种物质，然后用刮刀涂抹在由聚苯乙烯泡沫制成的凹模上，按照日本传统的粘贴技术进行加工。通过将聚苯乙烯环嵌入结构的整个表面来实现侧面的穿孔。一旦材料硬化，它就会变成聚苯乙烯模具。其结果是形成壮观美丽、简单抗压的结构组织。

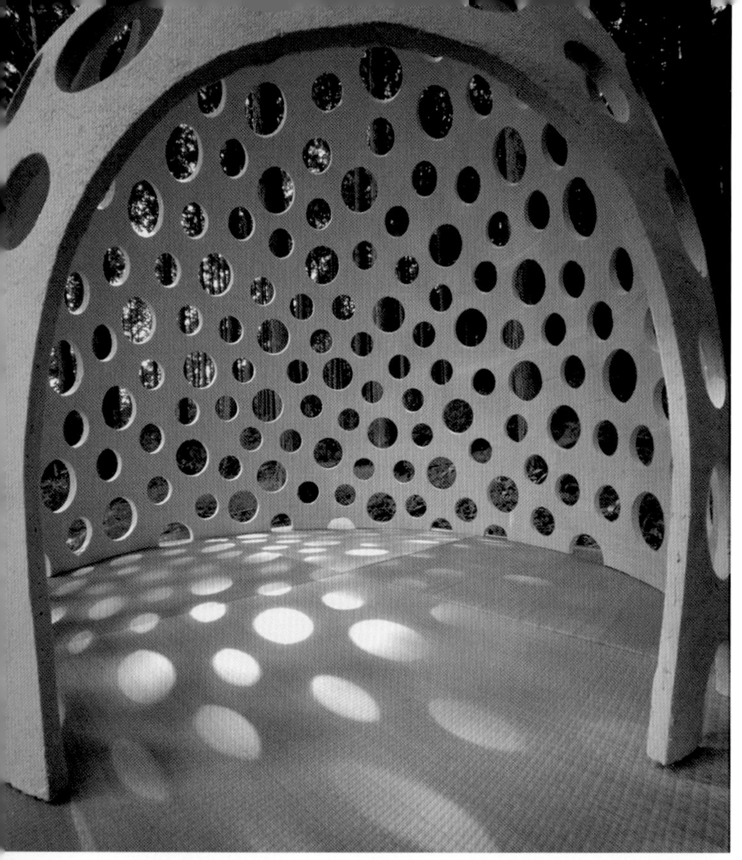

由于大量洞口点缀结构，外部环境仍然可以与混凝土腔体内部互相渗透。即使是这个便携式庇护所最短暂的访客，也可以在放松和安全的气氛中体验着传统茶道。传统的榻榻米地板与其上方的复杂混凝土腔体形成了鲜明对比，很好地结合了日本传统建筑中出现的两种建筑语言。

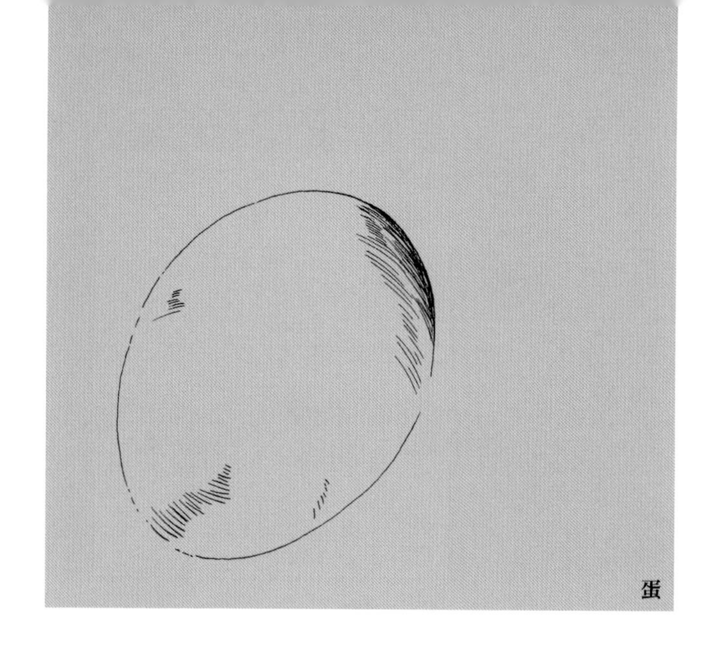
蛋

自第二次世界大战以来，柏林自由大学在这个城市的知识生活中发挥了核心作用，开放标志着自由教育的复兴，柏林自由大学成为柏林最具代表性的学院之一。今天，该大学拥有超过 39000 名学生，成为该市最大的大学之一。大学的建筑发展包括恢复现代主义建筑和重新设计图书馆的新校园。现代主义时代的两大元素脱颖而出：由 Candilis，Josic，Woods，Schiedhelm 设计的校园被认为是 20 世纪 70 年代最具标志性的建筑：受勒·柯布西耶的比例模块的影响，由这些建筑师与 Jean Prouve 合作建造了图书馆的外墙。用来遮盖图书馆钢材就像一种含有腐蚀性物质的保护蛋，导致其外表迅速变质。因此，负责建筑翻新工程的建筑团队用一个新的青铜色覆盖层替代了旧的钢材，随着时间的推移，这些青铜色覆层将会呈现原始材料的细节和颜色。文字学系的新图书馆占据了大学六座院落总和的空间。图书馆的椭圆形形状为其赢得了“柏林之脑”的绰号。

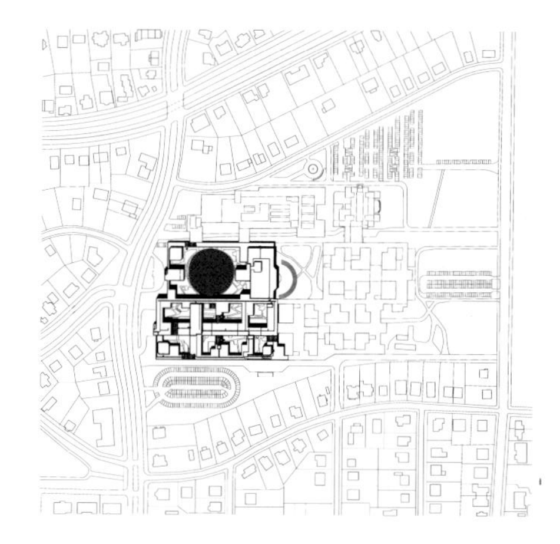
总平面

建设单位
柏林自由大学

项目类型
图书馆

位置
柏林，德国

总面积
497293ft^2（46200m^2）

竣工日期
2004 年

摄影
奈杰尔杨，莱因哈德高尔纳，鲁迪迈泽尔

柏林，德国

柏林自由大学

福斯特＋合伙人

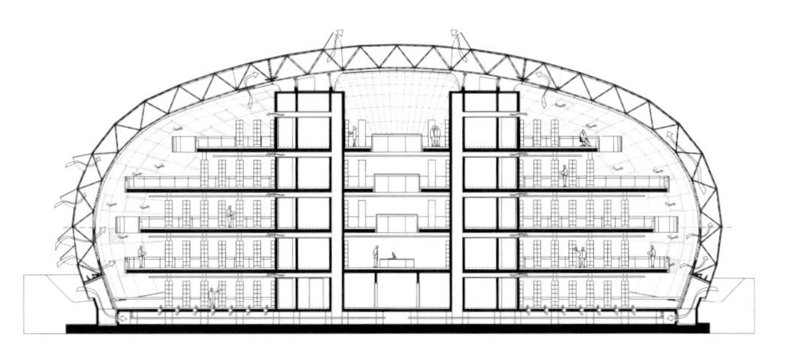

横截面

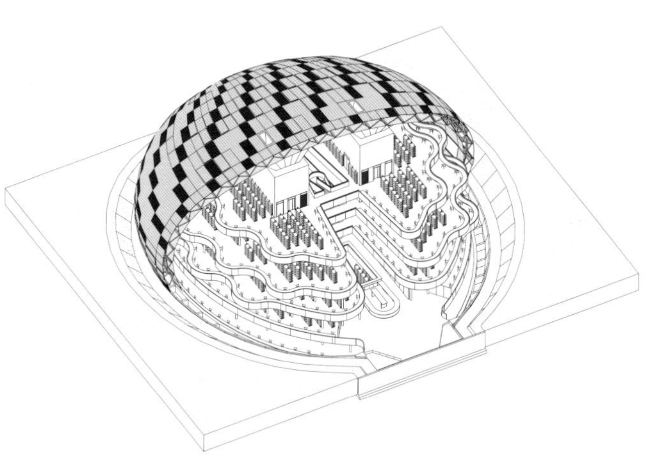

分段轴测

这四个部分向公众开放，包括一个自然通风的铝制气泡形式的房间，改房间配有呈放射状排列的钢制框架玻璃面板。半透明玻璃纤维制成的内膜过滤了阳光，营造出浓郁的宁静的氛围，而一些开放的空间让人联想起天空。书架设置在每层的中央，阅读桌分布在其周边。围绕书架，波浪形的轮廓建立了一种层层退台的新模式，由此形成了每层都有良好光线的理想工作空间。

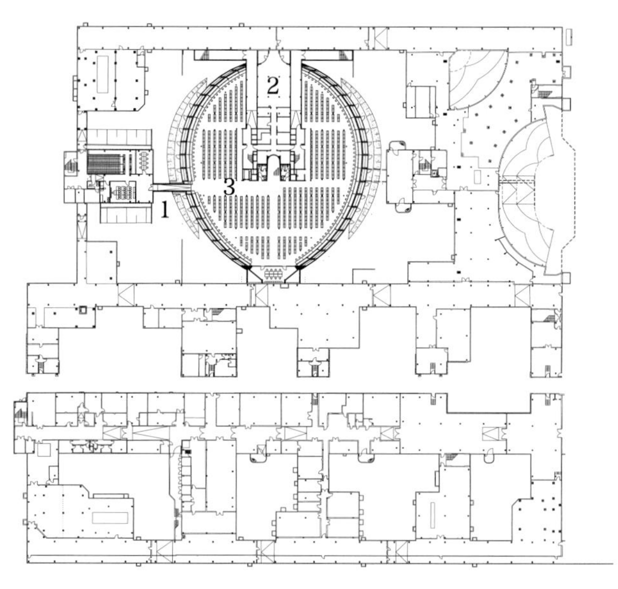

一层平面

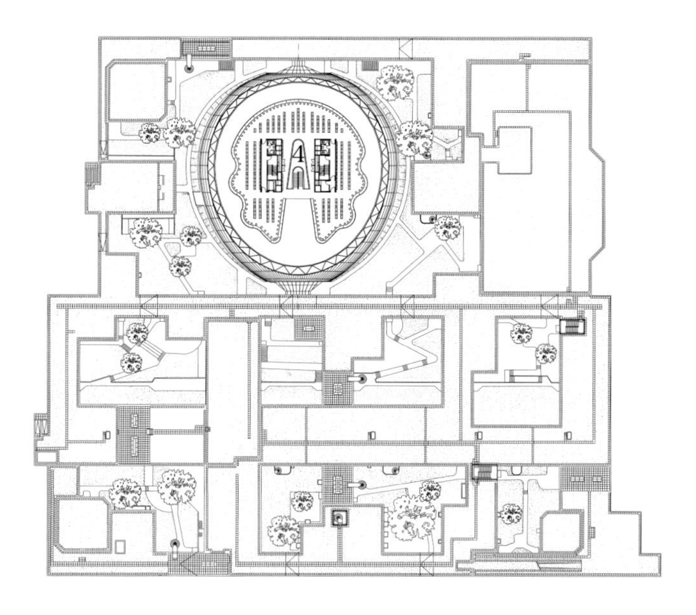

二层平面

1. 入口
2. 主要门厅
3. 一般档案
4. 阅览室

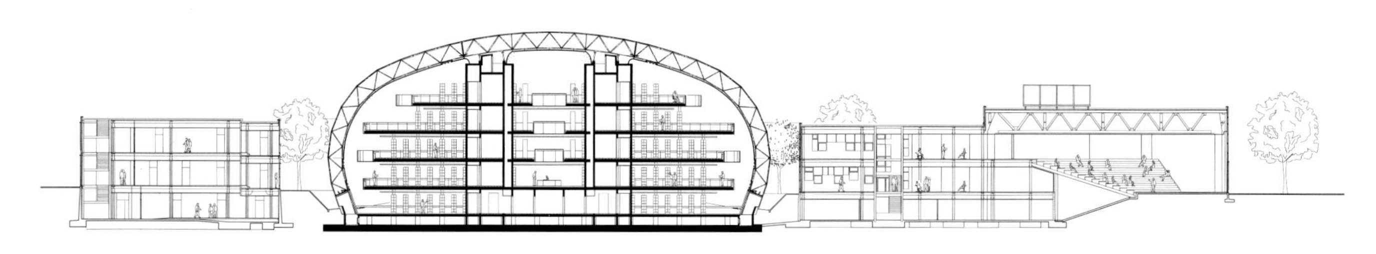

总纵向剖面

图书馆结构科学，分为两大中心区域。当旧的外墙被青铜色覆盖，主楼略微改动以满足现代技术要求。这个过程包括提取 211888ft^3（6000m^3）的石棉，这些石棉是为了对建筑物进行了隔热处理。屋顶被设计成种植区，这样能够很好地保持热量，同时也减少了二楼的表面积。图书馆分布在五层，拥有约 70 万册图书和 36 个阅览室；它已成功地整合了以前分散在全市各地的其他机构和图书馆。

建筑师索引

Acconci Studio
20Jay Stree, Suite 215, Brooklyn, NK11201
T:1 718 852 6591
F:1 718 624 3178
studio@acconci. com
www. acconi. com

Birds portchmouth Russum Architects
Unit 11, Union Wharf, 23 Wenlock Road. London NI 7SB, UK
T:+44 020 7253 8205
F:+44 020 7253 8205
info@birdsportchmouthrussum. com
www. birdsportchmouthrussum. com

bube architects
Looiershof 29, 3024 CZ Rotterdam, The Netherlands
T:+31 06 4175 5685
info@bube-arch. net
www. bube-arch. net

Building Design Partnership
15 Exchange Place, Glasgow GI 3AN, UK
T:+44 0141 227 7900
F:+44 0141 227 7901
cc-allan@bdp. co. uk
www. dbp. co. uk

Damian Figueras
Cavallers 34, 08034 Barcelona, Spain
T:+34 606 088 028/44 794 4025 331
damianfigueras@hotmail. com

Eric Owen Moss Architecture
8557 Higuera Street, Culver City, CA 90232
T:1 310 839 1199
F:1 310 839 7922
Jose@ericwenmoss. com
www. ericwenmoss. com

Fnp architectuen
Heilbronnerstrasse 39a, 70191 stuttgart, Germany
T: +49071113058006
F: +4907113058013
info@fischer-naumann. de
www. fischer-naumann. de

Foster + Partners
Riverside, 22 Hester Road, London SW11 4AN, UK
T:+4402077380455
F:+4402077381107
enquiries@fosterandpartners. com
www. fosterandpartners. com

Freie Architekten
Bismarckstrasse 15, D-64293 Darmstadt, Germany
T:+490615128805
F:+4906151288
kabux@t-online. de
www. kabux de

Hiroshi Nakamura NAP Architects
Sky Heights 3-1-9-5F, Tamagawa Setagaya-ku
Tokyo 158-0094, Jap
T:+810337097936
F:+810337097963
nakamura@nakam. info
www. nakam. info

José Gigante
Rua D. António Barroso 289, 4050-060 Porto, Portugal
T:+351226063566
F:+351226094044
Jos é gigante@sapo. pt

Justo Garciá Rubio
Obispo Segura Sáez, 15-4oB, 10001 Cáceres, Spain
T/F:+34927241205
estudiocaceres@justogarcia. com
www. justogarcia. com

Kazuya Morita Architecture Studio
4-6-2F-16 Kagunaoka-cho, Yoshida, sakyo-ku, Kyoto 606-8311, Japan
T/F:81 75752 4333
moritakazuya@nifty. com
www. morita-arch. com

Marlon Blackwell
100 West Center Street, Suite 001, Fayetteville, AK 72701
T:14799739121
F:14792518281
info@marlonblackwell. com
www. marlonblackwell. com

Matti ragaz hitz architekten
Shwarenburgstrasse 200, CH-3097 Liebefeld-Bern, Switzerland
T:+410319700066
F:+410319720605
Toni. matti@mrh. ch
www. mrh. ch

mmw architects
Schweigaardsgt. 34d, n-0191 Oslo, Norway
T:+4722173440
F:+4722173441
Mail@mmw. no
www. mmmw. no

MONK architecten
Van Asch van Wijckskade 31, 3512VR Utrecht, The Netherlands
T:+310302304227
F:+310302318606
monk@monk. nl
www. monk. nl

OFIS architekti
Kongresni TRG3, 1000Ljubljana, Slovenia
T:+38614260084-5
F:+38614260085
info@ofis-a. si
www. ofis-a. si

Petr Parrolek
Soukopova3, Brno60200, Czech Republic
T:+42549246363
parolek@volny. cz
www. parolli. cz

Ppag architects
Gumpendorferstrasse 65/1, A-1060 Vienna, Austria
T:+430158744710
F:+430158744799
ppag@ppag. at
www. ppag. at

SAMI. arquitectos
Rua Augusto Cardoso, 58-2°, 2900-255 Setúbal, Portugal
T:+351265000247
F:+351265000315
info@sami-architects. com
www. sami-architects. com

Toyo Ito & Associates, Architects
Fujiya Building 1-19-4, Shibuya-ku, Tokyo150-0002, Japan
T:+810334095822
F:+810334095969
kinoshita@toyo-ito. co. jp
www. toyo-ito. co. jp

UNStudio
Stadhouderskade 113, O. P. Box75381, 1070AJ Amsterdam, The Netherlands
T:+310205702040
F:+310205702041
info@unstudio. com
www. unstudio. com

Willinson Eyre Archtects
24 Britton Street, London ECIM 5UA. UK
T:+4402076087900
F:+4402076087901
Info@willinsoneyre. com
www. willinsoneyre. com